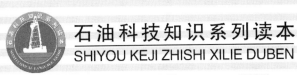

石油科技知识系列读本
SHIYOU KEJI ZHISHI XILIE DUBEN

油气

开采

Petroleum Production in Nontechnical Language

作者：Forest Gray
翻译：李莉 汪先珍 李旭 康新荣
审校：黎发文

U0363121

石油工业出版社

内 容 提 要

本书用简练的语言介绍了油气开采相关的方法和技术。内容包括石油工业概述与结构，油气的生成和分类，油气开采的相关环节，增产措施和提高采收率的方法，本书最后还介绍了油气开采新技术，并对开采前景进行了展望。

本书适合没有石油工程、石油地质等相关学科知识背景的石油工作者及想查阅油气开采基础知识的有关人员参考使用。

图书在版编目（CIP）数据

油气开采 /(美)Forest Gray 著；李莉，汪先珍，李旭等译 .
北京：石油工业出版社，2009.12
（石油科技知识系列读本）
书名原文：Petroleum Production
ISBN 978−7−5021−7377−7

Ⅰ . 油…
Ⅱ . ① F…②李…③汪…④李…
Ⅲ . ①石油开采②天然气开采
Ⅳ . TE3

中国版本图书馆 CIP 数据核字（2009）第 161474 号

本书经 PennWell Publishing Company 授权翻译出版，中文版权归石油工业出版社所有，侵权必究。著作权合同登记号：图字 01−2002−3655

出版发行：石油工业出版社
　　　　　（北京安定门外安华里 2 区 1 号　100011）
网　　　址：www. petropub. com. cn
发 行 部：(010) 64210392
经　　销：全国新华书店
印　　刷：石油工业出版社印刷厂

2009 年 12 月第 1 版　2010 年 10 月第 2 次印刷
787×960 毫米　开本：1/16　印张：14.75
字数：226 千字

定价：40.00 元

丛 书 序 言

石油天然气是一种不可再生的能源，也是一种重要的战略资源。随着世界经济的发展，地缘政治的变化，世界能源市场特别是石油天然气市场的竞争正在不断加剧。

我国改革开放以来，石油需求大体走过了由平缓增长到快速增长的过程。"十五"末的 2005 年，全国石油消费量达到 3.2 亿吨，比 2000 年净增 0.94 亿吨，年均增长 1880 万吨，平均增长速度达 7.3%。到 2008 年，全国石油消费量达到 3.65 亿吨。中国石油有关研究部门预测，2009 年中国原油消费量约为 3.79 亿吨。虽然增速有所放缓，但从现在到 2020 年的十多年时间里，我国经济仍将保持较高发展速度，工业化进程特别是交通运输和石化等高耗油工业的发展将明显加快，我国石油安全风险将进一步加大。

中国石油作为国有重要骨干企业和中央企业，在我国国民经济发展和保障国家能源安全中，承担着重大责任和光荣使命。针对这样一种形势，中国石油以全球视野审视世界能源发展格局，把握国际大石油公司的发展趋势，从肩负的经济、政治、社会三大责任和保障国家能源安全的重大使命出发，提出了今后一个时期把中国石油建设成为综合性国际能源公司的奋斗目标。

中国石油要建设的综合性国际能源公司，既具有国际能源公司的一般特征，又具有中国石油的特色。其基本内涵是：以油气业务为核心，拥有合理的相关业务结构和较为完善的业务链，上下游一体化运作，国内外业务统筹协调，油公司与工程技术服务公司等整体协作，具有国际竞争力的跨国经营企业。

经过多年的发展，中国石油已经具备了相当的规模实力，在国内勘探开发领域居于主导地位，是国内最大的油气生产商和供应商，也是国内最大的炼油化工生产供应商之一，并具有强大的工程技术服务能力和施工建设能力。在全球500家大公司中排名第25位，在世界50家大石油公司中排名第5位。

尽管如此，目前中国石油仍然是一个以国内业务为主的公司，国际竞争力不强；业务结构、生产布局不够合理，炼化和销售业务实力较弱，新能源业务刚刚起步；企业劳动生产率低，管理水平、技术水平和盈利水平与国际大公司相比差距较大；企业改革发展稳定中的一些深层次矛盾尚未根本解决。

党的十七大报告指出，当今世界正在发生广泛而深刻的变化，当代中国正在发生广泛而深刻的变革。机遇前所未有，挑战也前所未有，机遇大于挑战。新的形势给我们提出了新的要求。为了让各级管理干部、技术干部能够在较短时间内系统、深入、全面地了解和学习石油专业技术知识，掌握现代管理方法和经验，石油工业出版社组织翻译出版了这套《石油科技知识系列读本》。整体翻译出版国外已成系列的此类图书，既可以从一定意义上满足石油职工学习石油科技知识的需求，也有助于了解西方国家有关石油工业的一些新政策、新理念和新技术。

希望这套丛书的出版，有助于推动广大石油干部职工加强学习，不断提高理论素养、知识水平、业务本领、工作能力。进而，促进中国石油建设综合性国际能源公司这一宏伟目标的早日实现。

2009 年 3 月

丛书前言

为了满足各级科技人员、技术干部、管理干部学习石油专业技术知识和了解国际石油管理方法与经验的需要，我们整体组织翻译出版了这套由美国 PennWell 出版公司出版的石油科技知识系列读本。PennWell 出版公司是一家以出版石油科技图书为主的专业出版公司，多年来一直坚持这一领域图书的出版，在西方石油行业具有较大的影响，出版的石油科技图书具有比较高的质量和水平，这套丛书是该社历时 10 余年时间组织编辑出版的。

本次组织翻译出版的是这套丛书中的 20 种，包括《能源概论》、《能源营销》、《能源期货与期权交易基础》、《石油工业概论》、《石油勘探与开发》、《储层地震学》、《石油钻井》、《石油测井》、《油气开采》、《石油炼制》、《石油加工催化剂》、《石油化学品》、《天然气概论》、《天然气与电力》、《油气管道概论》、《石油航运（第Ⅰ卷）》、《石油航运（第Ⅱ卷）》、《石油经济导论》、《油公司财务分析》、《油气税制概论》。希望这套丛书能够成为一套实用性强的石油科技知识系列图书，成为一套在石油干部职工中普及科技知识和石油管理知识的好教材。

这套丛书原名为"Nontechnical Language Series"，直接翻译成中文即"非专业语言系列图书"，实际上是供非本专业技术人员阅读使用的，按照我们的习惯，也可以称作石油科技知识通俗读本。这里所称的技术人员特指在本专业有较深造诣的专家，而不是我们一般意义上所指的科技人员。因而，我们按照其本来的含义，并结合汉语习惯和我国的惯例，最终将其定名为《石油科技知识系列读本》。

总体来看，这套丛书具有以下几个特点：

（1）题目涵盖面广，从上游到下游，既涵盖石油勘探与开发、工程技术、炼油化工、储运销售，又包括石油经济管理知识和能源概论；

（2）内容安排适度，特别适合广大石油干部职工学习石油科技知识和经济管理知识之用；

（3）文字表达简洁，通俗易懂，真正突出适用于非专业技术人员阅读和学习；

（4）形式设计活泼、新颖，其中有多种图书还配有各类图表，表现直观、可读性强。

本套丛书由中国石油天然气集团公司科技管理部牵头组织，石油工业出版社具体安排落实。

在丛书引进、翻译、审校、编排、出版等一系列工作中，很多单位给予了大力支持。参与丛书翻译和审校工作的人员既包括中国石油天然气集团公司机关有关部门和所属辽河油田、石油勘探开发研究院的同志，也包括中国石油化工集团公司江汉油田的同志，还包括清华大学、中国海洋大学、中国石油大学（北京）、中国石油大学（华东）、大庆石油学院、西南石油大学等院校的教授和专家，以及BP、斯伦贝谢等跨国公司的专家学者等。需要特别提及的是，在此项工作的前期，从事石油科技管理工作的老领导傅诚德先生对于这套丛书的版权引进和翻译工作给予了热情指导和积极帮助。在此，向所有对本系列图书翻译出版工作给予大力支持的领导和同志们致以崇高的敬意和衷心的感谢！

由于时间紧迫，加之水平所限，丛书难免存在翻译、审校和编辑等方面的疏漏和差错，恳请读者提出批评意见，以便我们下一步加以改正。

《石油科技知识系列读本》编辑组

2009 年 6 月

本 书 前 言

我与石油工业打交道约 36 年，深知缺乏有助于非石油工程师了解石油开采知识的可用书籍之苦。在石油工业界，由于专业技术人员似乎都要保守技术秘密，或在油公司中存在等级系统，那些有工程学位的专业技术人员不需要油气开采初级技术读物，而那些没有工程学位的人员又不需要了解这方面的知识，所以没有专业技术人员试图清楚地阐述油气开采的基本原理。

本人也不同程度地经历了这两种情况，所以着手对本书第一版提出质疑减少第二版的错误。本书适用于没有石油工程、石油地质或相关学科的年轻工作者。对有关公司从事石油金融、供应、运输、配送、公共关系、广告业和销售行业的很多人也有参考价值。

本书的设计格局是，每次给读者一些启蒙知识，然后阐述一些前人的工作经验。一般来说，读者看完这本书，以后在工作中可能不会被技术行话吓倒，至少也能提出油气开采方面的更多敏锐问题。这就是非石油工程师了解油气开采知识的可喜进步。

本书的素材大多取自美国矿冶和石油工程师学会的石油工程师协会、美国石油学会生产公司、美国天然气协会和美国石油地质协会，尤其是 LG 的《油田开发》(1946)，T C 等《石油生产工程》，石油工程师协会（一、二卷，1962），以及美国能源部、国家石油委员会出版的文献。此外，本书著者感谢许多作者给其他各种书刊撰写了大量石油文稿。

目　　录

1　石油工业概述 ·· 1

　1.1　石油工业历史发展阶段 ································ 1

　1.2　经济背景 ·· 6

　1.3　近代石油史 ··· 14

　1.4　近代天然气发展史 ·· 16

2　石油工业的结构 ··· 24

　2.1　综合性大型公司 ··· 24

　2.2　独立型公司 ··· 33

　2.3　世界石油工业 ·· 36

3　产层 ·· 38

　3.1　油气聚集和产状 ··· 39

　3.2　油气分离和油藏驱动力 ·································· 43

　3.3　石油分类 ·· 44

4　开发 ·· 46

　4.1　土地部门的职能 ··· 46

　4.2　钻井作业 ·· 47

　4.3　油田开发 ·· 50

5　钻井设备与方法 ··· 57

　5.1　钻机类型 ·· 57

　5.2　钻井方法 ·· 58

　5.3　钻井液 ··· 61

6　地层评价测井、取心和中途测试 ······················ 64

　6.1　录井 ·· 64

　6.2　取心 ·· 76

　6.3　中途测试 ·· 78

7　完井 ·· 79

　7.1　常规射孔套管完井 ·· 79

　7.2　永久性完井 ··· 82

　7.3　多层位完井 ··· 82

7.4　防砂完井 ·· 84

7.5　防水和防气完井 ·· 84

8　下套管和注水泥作业 ··· 90

8.1　套管 ··· 90

8.2　套管附件 ·· 94

8.3　注水泥 ··· 96

9　采油基本原理 ··· 102

9.1　采油机理和影响因素 ··· 102

9.2　采油的动态控制 ··· 103

9.3　最高合理产量 ·· 104

9.4　有效油井动态 ·· 105

10　采油方法—设备与测试 ··· 107

10.1　生产井装备 ·· 107

10.2　油井举升类型 ·· 107

10.3　人工举升 ·· 108

10.4　试井 ·· 141

11　地面设备 ··· 143

11.1　井口装置 ·· 143

11.2　分离方法 ·· 145

11.3　处理方法 ·· 146

11.4　储油罐 ·· 150

11.5　产油量的计量 ·· 150

12　生产问题和修井作业 ··· 153

12.1　生产问题 ·· 153

12.2　修井作业 ·· 157

13　增产措施 ··· 159

13.1　酸化 ·· 159

13.2　酸化添加剂 ·· 163

13.3　地层压裂 ·· 169

13.4　其他增产方法 ·· 172

14　提高原油采收率（EOR） ·· 175

14.1　水驱作业 ·· 175

14.2　强化开采或三次采油方法 ··· 180

15　天然气加工和热电联合生产工艺 ··································· 185

15.1 基本概念 ·· 185

15.2 天然气加工方法 ·· 187

15.3 经济与污染 ··· 189

15.4 热电联产 ·· 190

16 新技术 ·· 193

16.1 水平井和大位移井 ···································· 193

16.2 随钻测井 ·· 196

16.3 连续油管 ·· 196

16.4 三维地震 ·· 198

16.5 油田范围圈定以及管理和监测 ··················· 199

17 前景展望 ··· 200

专业术语表 ··· 207

1　石油工业概述

petroleum 一词来自拉丁语，petro 的意思是岩石，oleum 的意思是油——用于指液态烃很合适，液态烃是原油极佳的同义词。petroleum 一词也广泛用于表示天然气。术语"石油工业"一般指的是石油和天然气工业，本书通篇用的都是这个意义。因此，石油是由大量复杂的基团液态、气态和半固态烃也就是碳氢化合物组成，常含有一些"杂质"，如氮、氧和硫。

人们认为组成石油、天然气和煤的复杂烃类源自沉积于古代海底死亡的动植物。后来，后续的沉积层产生的高温高压使动植物有机质发生了转变（见第 3 章）。在漫长的地质年代中，这种有机质的原始沉积相对来说不是很久远。迄今所发现的所有油气藏都形成于古生代、中生代和新生代第三纪，为地球年龄的 10%（2 百万～400 百万年前）。

现在让我们先来叙述石油工业的发展历史与经济情况，对石油技术的简要描述放在后面。

1.1　石油工业历史发展阶段

1859 年，美国钻了两口综合估价为 40000 美元的油井，产出原油 2000bbl（1bbl=0.159m³）。一个多世纪以后，现在美国有几十万口生产井，每年生产原油 23 亿多桶，预计井口价值超过 350 亿美元。

当然，在这两个时间段之间，石油工业内外均发生了很多事情。

美国的石油工业发展历史可以划分为五个明显不同的阶段，描述如表 1.1 所示。

表 1.1　美国石油工业历史发展阶段

阶段	主 要 事 件
阶段 1	初期开采阶段（1859—1875 年）
阶段 2	俄亥俄美孚石油集团占统治地位（1870—1910 年）
阶段 3	现代；俄亥俄美孚石油集团帝国解体，出现新的石油公司（1911—1928 年）

续表

阶段	主 要 事 件
阶段4	20世纪30年代经济大萧条，首次出现有关油气的政府生产法规（1930—1945年）
阶段5	竞争重组及世界范围油气增长阶段；天然气工业得到迅速发展（1945年至今）

第一阶段：初期开采阶段始于1859年，当时，陆军上校德雷克（Edwin L.Drake）在宾夕法尼亚泰特斯维尔（Titusville）附近成功钻探了第一口工业油井。这个阶段一直持续到19世纪70年代，是竞争激烈、以生产为中心的经济自由竞争年代，以能源贪婪和对加利福尼亚淘金热的日子无知回忆为综合特征。无规律的石油价格结构使有些人非常容易地得到了财富，而另外其他一些人则很快破产。因此，美国东部石油生产潜力的成功开发，为石油大工业的发展奠定了基础。

第二阶段：从1870年俄亥俄美孚石油公司（Ohio）成立开始，共持续40年，石油工业的所有活动都以俄亥俄美孚石油集团占统治地位。这个阶段，俄亥俄美孚石油集团控制了石油行业的炼油、运输和市场的许多业务，因此，确保了对第四个主要价格控制功能——石油生产的控制。19世纪80年代初，俄亥俄美孚石油集团控制了美国所有炼油厂的80%～90%。到1904年，标准销售体系——一个庞大的铁路、管线、石油销售站和联营市场运输网络遍布美国大部分地区。当时，全美将近90%石油商都是从俄亥俄美孚石油集团购买石油。

在精炼厂阶段，俄亥俄美孚石油集团通过横向合并得到发展并提高了竞争力，后来通过连续与铁路和管道公司、其他地区的生产者、原油购买者和炼油者、集油站和干线以及其他各地区和局部市场组织联营发展成纵向统一管理。

当俄亥俄美孚石油集团利用纵向统一管理实行垄断时，其他工业部门开始利用它作为在竞争生存努力中的防御机制。合并是俄亥俄美孚石油信托公司40年统治发展的结果，现在仍然是石油工业生存的一个重要手段。

第三阶段：1911—1915年间俄亥俄美孚石油公司解体，恢复了石油行业的竞争，不仅出现了很多新的公司，而且较大的石油公司通过合并继续寻求安全。有时称第三历史阶段为现代石油工业。

第一次世界大战期间，随着竞争的恢复和石油需求的增加，石油工业扩大以满足美国萌芽工业和所有新开发的利用石油产品作为燃料和润滑油的陆地、海上和空中运输的需要。石油行业活动显著增加,大量复杂工业逐步产生,范围从大型综合性全球作业公司(包括原俄亥俄美孚石油组织继承人)到致力于石油勘探、开发和零售某个方面的独立公司。

第四阶段:20世纪30年代美国发生经济大萧条,政府颁布了一些生产法规,这些法规从此一直作为石油工业的重大政治和经济生活规则持续至今。

石油工业的主要问题一般起因于生产过剩:产出太多,需求太少,价格太低,利润太少。原油生产者试图自发限制原油产量以恢复有利的价格结构,当所做的这些努力在原油生产者(包括特许权所有者)屈服于经济需要压力或利润的引诱时往往会失败。导致自我调节失败的另外的因素就是不断怀疑原油储量会很快接近枯竭。在这种情况下,很显然,精明的作业者往往会疯狂地寻找和拼命地勘探开发石油。即便有些最大的公司也发现很难忽视这种怀疑的作用并克制其行为。实际结果导致联邦政府受石油工业急切的请求进行了一系列的干涉行动。这些联邦政府的一系列干涉行动正像新战争就要来临一样变得有效,需求远景似乎无限。

这个阶段还是液化石油气(LPG)和天然汽油得到应用的阶段。以前这些作为油田的废品,也开始得到应用。前者主要作为加热燃料,后者作为新型"复合"汽油的掺合剂。

第五阶段:第二次世界大战之后,在20世纪40年代末和50年代初,美国公司与许多大的外国公司和其他几乎完全依靠国内生产石油资源的公司竞争重组。在这个阶段,美国石油工业几乎从起初就具有国际化趋势,对世界范围国际政治和经济发展十分敏感。

在这个阶段,天然气工业也得到蓬勃发展。天然气干线超过2000mile,把大量的标准天然气产品输送到全国消费总站。从资本投资方面来看,天然气排为美国10大工业之一,提供了美国能源总需求的25%以上。在受到天然气竞争的冲击年代,原油在能源市场上与煤作用相当。

自从第一次世界大战以来,尽管美国化学工业得到迅速而持续的发展,但早期受到长期存在的炸药企业的限制,直到第二次世界大战之后,石油和天然气才逐渐成为新型塑料和合成材料的主要原料来源。这样美国最新工业之一——石油化工迅速得到发展,成为市场和石油企业的一部分。现在美国化学工业四分之一以上的总产量来自石油。

承担任何重点工程必须考虑到经济问题。钻井当然是一个重点工程，正如下面的章节要解释的一样，如图 1.1 ～ 图 1.3 所示。

石油工业的早期以经济繁荣和萧条交替循环为标志。在世纪之交，加利福尼亚经历了第二个淘金热——吸引各种冒险者的是一种"黑色金子"。例如，图 1.3 中所示克恩（Kern）河油田大约在 1908—1910 年就是这样（来自石油生产先驱收藏品）。

图 1.1　20 世纪初类似这样的木制井架很普遍

（克恩县博物馆授权）

图 1.2　得克萨斯博蒙特（Beaumont）附近
（Spindletop 井是预示现代石油繁盛的闻名的自喷井）

图 1.3　克恩河油田

1.2 经 济 背 景

传说石油工业投入钻井的资金比回收资金（收入）多得多。据统计所钻的井 80% 是干井，说明这个观点是对的，但也许很难证实。近年来，美国石油行业的明显特征之一是成本与效益关系越来越差，这主要是因为勘探和开发成本迅速增加。

陆 军 上 校 德 雷 克 （Drake） 的 发 现 井 的 钻 井 深 度 为 59.5ft （1ft=0.3048m），而目前所钻井的井深为 20000ft 或 20000ft 以上（1974年在俄克拉荷马沃希托县钻成当时世界最深的探井深度为 31441ft，最深开发井钻井深度纪录是 1984 年在得克萨斯佩科斯县完井的生产井井深为 25446ft）。钻如此深的井，除遇到的特殊技术问题外，当井钻到 15000ft 以上时，成本似乎成几何级数增加。

在 20 世纪 70 年代和 80 年代初经济繁荣时期，油田装置成本猛增 50% 以上，有些地区合同勘探设备成本在相同时间段内增加了一倍。在任何地方钻一口普通的 10000ft 预探井成本在 50000 美元到几千万美元之间，视钻井工况而定。而有时所钻的井竟然是干井！

近几年这种较差的经济前景部分得到了缓解，主要是由于：（1）在世界上不断发现很多新区和开发大的油气藏，每年均展示出良好的油气勘探前景；（2）不仅掌握了深海石油成功的勘探技术，而且在北极圈和其他遥远偏僻的环境恶劣地区也可以成功勘探和开发石油。尽管北极圈和深海钻井是迄今为止所尝试的钻井费用中最高的，但新的巨大油气储量潜力可能证明大多数公司的投资冒险是值得的。

估计自由世界已探明的石油储量约为 1×10^{12}bbl，其中 75% 以上产自石油输出国组织（OPEC）国家，而世界上总储量约三分之二位于中东。目前，西半球石油储量仅占全球总探明石油储量的 15% 左右，但产量约为世界石油产量的 25%，日产量约 6900×10^4bbl，油井占全球总油井数的 70% 左右。

按日产量计算，仅在 10 年前，西半球原油日产量超过中东 50% 左右。然而，今天中东的原油产量超过西半球，并且这种趋势正在加快。

就石油生产经济而言，在这两个地区之间实际上几乎不存在竞争：中东每桶油成本比西半球低得多，产量高得多，所以，西半球最终失去了竞争力。至今，美国产油井是中东的 100 倍，而产量仅为中东的三分之一左右。例如，人们都知道科威特的油井不到 400 口，日产油量是接近有几十万口井的美国总日产量的四分之一。美国单井产量较低，部分由于其行业生产老化，因此，导致大量"低产井"作业。美国油井产能下降的趋势已持续了几十年，而且不可能很快有明显的好转。到 1993年，美国油井平均产量从 20 世纪 70 年代初的单井日产量超出 18bbl 的高峰下降到 12bbl。1994 年，美国石油平均年产量下降到 40 年来的最低水平，如图 1.4 ～图 1.6 及表 1.2 所示。

(a)

图 1.4　美国油气生产行业现状简述（美国独立石油公司协会授权）

1993年工业统计数字			
钻井数			
	勘探井	开发井	总计
油井	460	7759	8219
气井	438	8096	8534
干井	2397	3965	6362
服务井	—	702	702
总井数	3295	20522	23817
所钻井总进尺（×10³ft）			
	勘探井进尺	开发井进尺	总进尺
油井	2883.5	40904.5	43788.0
气井	2645.0	50556.0	53211.5
干井	13635.0	19530.6	33165.6
服务井	—	2365.4	2365.4
总井数	19164.0	113366.5	132530.5

（注意：总数因四舍五入而增加）

新油田所钻预探井，进尺（×10³ft）	1567
	9636.7
平均在用旋转钻机	755

世界排名

	原油	天然气
所钻井	第1名	第1名
产量	第3名	第2名
储量（1992年）	第10名	第6名

生产井数	
油井	583879
自喷井	34627
人工举升井	549252
天然气井	286168
总井数	870047

平均产量	10³bbl	10³bbl/d
原油	2499033	7191
液态天然气	619405	1697
总计	3244037	8888
销售产出的天然气量（×10⁶ft³）	19240056	

单井平均产量	
原油	4315
天然气	68084

平均员工人数	
油气开采	340390
炼制	124014
运输	176569
批发销售	163265
零售	607963
石油行业总人数	1412201

1992年获得的资料			
石油储量 （截至1992年12月31日）			
	原油	液态天然气	总计
新储量	1509	760	2269
产量	2446	773	3219
年净变化量	-937	-13	-950
探明储量	23745	7451	31194
天然气储量 （截至1992年12月31日）			
	伴生溶解气	非伴生气	干气
新储量	2638	13615	15376
生产	3031	15238	17423
年净变化量	-393	-1623	-2047
探明储量	31424	141885	165015

钻井与井装备费用			
	每英尺费用 （美元）	单井费用 （美元）	总费用 （×10³美元）
油井	69.51	362260	3123041
气井	72.83	426114	3231222
干井	67.82	357624	2211545
总计	70.27	332607	8565808

低产井	
正在生产的低产井	453277
废弃低产井	16211
原油产量	368131720
原油日产量	1008580
采收率	15%

低产储量 （截至1992年12月31日）	
一次采油	1709320
二次采油	1562210
总计	3271530

联邦陆上矿区使用费	
原油	$280355318
天然气	$243635393
矿区使用费总额	$865437216

联邦陆上石油和天然气矿区	
矿区数	19428
矿区面积（acre）	10710890

要获取更多信息请与美国独立石油公司协会信息服务部门联系

(b)

图 1.4　美国油气生产行业现状简述（美国独立石油公司协会授权）

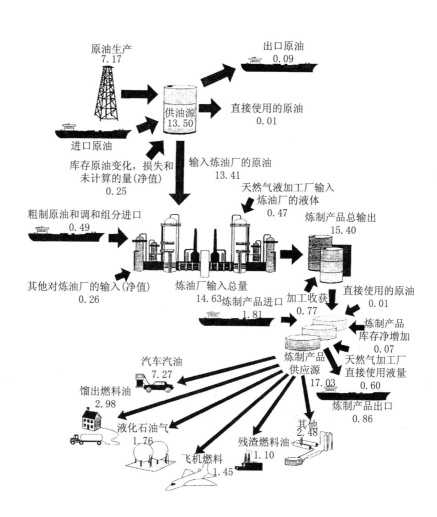

图 1.5　1992 年美国石油生产流程（10^6bbl/d）

（资料来源：美国能源情报局）

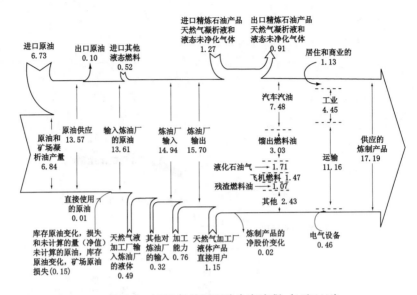

图1.6 1993年美国石油生产流程（10⁶bbl/d）

（资料来源：美国能源情报局）

表1.2 世界石油和天然气产量

时间 国家 或地区	平均月产量				与前一年 相比的变化		天然气（×10⁹ft³）		
	1995年 1月	1994年 12月	1995年	1994年	体积 变化	变化 百分比 (%)	1995年 1月	1994年 12月	1995年 累计
阿根廷	700	699	700	635	65	10.2	52.0	52.3	52.0
玻利维亚	26	26	26	25	1	4.0	8.0	8.3	8.0
巴西	708	709	708	658	50	7.6	8.7	10.1	8.7
加拿大	1781	1792	1781	1671	110	6.6	564.9	550.2	564.9
智利	11	12	11	14	−3	−21.4	3.4	3.4	3.4
哥伦比亚	501	545	501	455	46	10.1	13.3	13.3	13.3
厄瓜多尔	410	398	410	360	50	13.9	0.3	0.3	0.3
墨西哥	2680	2673	2680	2724	−44	−1.6	113.3	12.5	113.3
秘鲁	135	118	135	133	2	1.5	3.9	3.9	3.9
特立尼达	125	129	125	128	−3	−2.3	18.8	18.4	18.8
美国	6616	6686	6616	6777	−161	−2.4	1699.0	1689.0	1699.0

续表

时间\国家或地区	1995 年 1 月	1994 年 12 月	平均月产量		与前一年相比的变化		天然气（×10⁹ft³）		
			1995 年	1994 年	体积变化	变化百分比（%）	1995 年 1 月	1994 年 12 月	1995 年累计
委内瑞拉	2450	2510	2450	2400	50	2.1	70.7	72.4	70.7
其他拉丁美洲	37	36	37	34	3	8.8	0.1	0.1	0.1
西半球	16180	16333	16180	16014	166	1.0	2556.4	2534.2	2556.4
奥地利	23	23	23	24	−1	−4.2	4.9	5.1	4.9
丹麦	185	184	185	197	−12	−6.1	18.8	18.2	18.8
法国	51	55	51	58	−7	−12.1	11.7	11.4	11.7
德国	56	58	56	58	−2	−3.4	71.1	71.5	71.1
意大利	85	88	85	81	4	4.9	65.0	65.1	65.0
荷兰	70	76	70	80	−10	−12.5	370.0	25.4	370.0
挪威	2683	2811	2683	2501	182	7.3	97.0	95.8	97.0
西班牙	18	18	18	17	1	5.9	2.1	2.1	2.1
土耳其	68	69	68	73	−5	−6.8	0.6	0.6	0.6
英国	2603	2730	2603	2364	239	10.1	298.0	286.6	298.0
其他西欧国家	9	10	9	10	−1	−10.0	8.0	7.9	8.0
西欧	5851	6122	5851	5463	388	7.1	947.2	889.7	947.2
阿尔巴尼亚	12	12	12	12	—	—	0.4	0.4	0.4
独联体	6853	6947	6853	7418	−565	−7.6	2380.2	2344.9	2380.2
克罗地亚	40	40	40	40	—	—	5.7	5.7	5.7
匈牙利	73	70	73	71	2	2.8	15.0	15.0	15.0
罗马尼亚	136	136	136	137	−1	−0.7	63.9	63.9	63.9
塞尔维亚	24	24	24	24	—	—	2.3	2.3	2.3
其他东欧国家	16	22	16	21	−5	−23.8	18.4	18.4	18.4

续表

时间 国家或地区	1995 年 1 月	1994 年 12 月	平均月产量		与前一年相比的变化		天然气（×10⁹ft³）		
			1995 年	1994 年	体积变化	变化百分比（%）	1995 年 1 月	1994 年 12 月	1995 年累计
东欧和独联体	7154	7251	7154	7723	−569	−7.4	2485.9	2450.6	2485.9
阿尔及利亚	750	750	750	750	—	—	151.1	151.1	151.1
安哥拉	580	555	580	530	50	9.4	1.7	1.7	1.7
喀麦隆	100	110	100	110	−10	−9.1	—	—	—
刚果	180	185	180	185	−5	−2.7	—	—	—
埃及	890	890	890	900	−10	−1.1	25.1	25.1	25.1
加蓬	340	340	340	300	40	13.3	0.3	0.3	0.3
利比亚	1370	1380	1370	1380	−10	−0.7	19.1	19.2	19.1
尼日利亚	1850	1900	1850	1920	−70	−3.6	13.5	13.9	13.5
突尼斯	90	92	90	89	1	1.1	1.0	1.0	1.0
扎伊尔	30	28	30	25	5	20.0	—	—	—
其他非洲国家	19	17	19	15	4	26.7	0.1	0.1	0.1
非洲	6199	6247	6199	6204	−5	−0.1	211.9	212.4	211.9
巴林岛	105	105	105	106	−1	−0.9	12.3	13.6	12.3
伊朗	3500	3700	3500	3590	−90	−2.5	81.4	86	81.4
伊拉克	600	600	600	500	100	20.0	8.6	8.6	8.6
科威特	2000	2000	2000	2000	—	—	13.8	13.9	13.8
阿曼	843	830	843	769	74	9.6	11.3	11.1	11.3
卡塔尔	420	420	420	410	10	2.4	21.4	21.4	21.4
沙特阿拉伯	8000	8000	8000	8000	—	—	95.0	95.1	95.0
叙利亚	615	595	615	550	65	11.8	13.3	12.9	13.3
阿拉伯联合酋长国	2220	2200	2220	2220	—	—	72.6	71.9	72.6

续表

时间 国家或地区	1995 年 1 月	1994 年 12 月	平均月产量		与前一年相比的变化		天然气（×10⁹ft³）		
			1995 年	1994 年	体积变化	变化百分比（%）	1995 年 1 月	1994 年 12 月	1995 年累计
也门	340	350	340	336	4	1.2	—	—	—
其他中东国家	0	0	0	0	0	—	1.1	1.1	1.1
中东	18643	18800	18643	18481	162	0.9	330.8	335.6	330.8
澳大利亚	577	545	577	521	56	10.7	82.0	82.0	82.0
文莱	160	160	160	162	−2	−1.2	27.2	27.2	27.2
中国	2947	2982	2947	2930	17	0.6	49.1	56.2	49.1
印度	700	695	700	571	129	22.6	50.6	50.6	50.6
印度尼西亚	1340	1340	1340	1330	10	0.8	161.1	161.1	161.1
日本	15	16	15	16	−1	−6.3	8.0	7.7	8.0
马来群岛	680	630	680	650	30	4.6	61.2	61.2	61.2
新西兰	45	45	45	42	3	7.1	14.3	14.3	14.3
巴基斯坦	56	56	56	58	−2	−3.4	42.3	42.3	42.3
巴布亚新几内亚	102	113	102	118	−16	−13.6	0.3	0.3	0.3
泰国	56	53	56	51	5	9.8	31.8	31.8	31.8
越南	180	165	180	135	45	33.3	2.1	2.1	2.1
其他亚太国家	23	22	23	23	—	—	25.8	25.7	25.8
亚太地区	6881	6822	6881	6607	274	4.1	555.8	562.5	555.8
世界总计	60908	61575	60908	60492	416	0.7	7087.9	6984.9	7087.9
OPEC*	24840	25140	24840	24800	40	0.2	708.6	714.9	708.6
北海	5432	5690	5432	5041	391	7.8	413.8	400.6	413.8

*OPEC 成员国：科威特和沙特阿拉伯每个国家生产包括一半中性区，来源《Oil & Gas》杂志。所用数据来自《Oil & Gas》杂志能源数据库。

1.3　近代石油史

20 世纪 70 年代，世界因石油行业彻底地改变了。

1973—1974 年禁止阿拉伯原油出口，由于美国在阿拉伯—以色列战争中支持以色列之举，导致第一次油价波动，以至后来油价多次波动，破坏了世界经济，使石油成为全世界大多数消费者最普遍关注的日用品。大约几个月，原油价格已上涨了 5 倍达到 12 美元/bbl。

1978 至 1979 年伊朗革命缩减了石油的供应，导致油价再次飞涨，到 1980 年油价上涨两倍多，达到 40 美元/bbl。

原油价格连续攀升，1981 年实际价格达到最高值，1982 年油价开始呈下降趋势，1986 年以后全面滑落。混合炼制品年平均获利从 1985 年的 28.34 美元/bbl 下降到 1986 年的 15.02 美元/bbl。美国很多地区品质较差的原油井口价格下降到 7 美元/bbl。

正如早期油价上涨是 OPEC 为了适应石油供应中断所采取的措施一样，OPEC 主要成员国尤其是沙特阿拉伯为了夺回失去的市场份额，油价暴跌而使石油价格发生波动。失去市场占有率是 20 世纪 70 年代世界范围油价飞涨导致石油产量空前增加的结果。

自从 1986 年以来，油价变化反复无常。20 世纪 80 年代末总体仍处于低价位，而在中东发生的战争危机是油价上涨的另一个转折点。1990 年伊拉克入侵科威特每天耗油 420×10^4 bbl，世界原油市场几乎少了 7% 的原油供应，因此，迫使油价进行实际调整，这一年原油平均价格为 19.61 美元/bbl，现场售出的原油价格即非合同价格，在这个转折时期同一地点高出市场 50% 以上，最高达 30 美元/bbl。然而，沙特阿拉伯以及其他国家产量增加，逐步提高原油产量达到 2×10^6 bbl/d，利用世界石油源战略囤储，很快补充了油源不足。科威特由于伊拉克的介入，几乎彻底毁灭了本国的石油工业，曾经重建并以每天 200 多万桶的产量生产。图 1.7 为美国原油和矿场凝析油产量及油井产能状况。

因为产油国表示他们能绰绰有余地补充伊拉克和科威特的油源，加上全球经济衰退限制了原油需求，所以 1991 年实际油价下降至 16.19 美元/bbl，需求继续萎缩以及产量不断增加使 1992 年油价降至 15.22 美元/bbl，1993 年为 13.21 美元/bbl，后者是 20 年中年平均最低的。1994 年经济发展加上 1995 年初经济稳定恢复增加了石油需求，但除了 OPEC 尤其是北海，产量不断增加使 1994 年油价大致在 13 ~ 17 美元

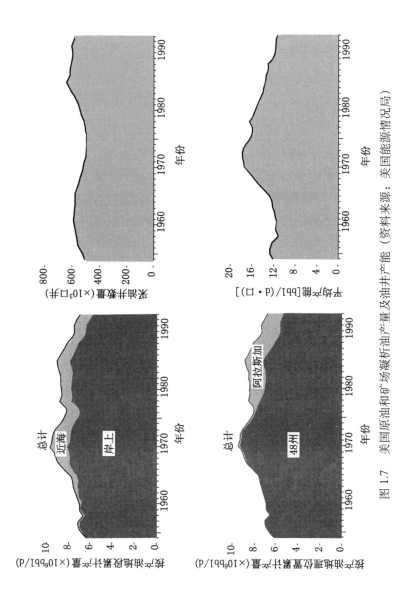

图 1.7 美国原油和矿场凝析油产量及油井产能（资料来源：美国能源情况局）

/bbl 范围内。

1995 年初油价比大多数人预计的要高，因为需求不断增加，而且伊拉克石油销售仍然受到禁止，OPEC 产量受到限制，使 1995 年上半年大多数时间油价大约保持在 17 ~ 21 美元 /bbl。但是，北海和其他非 OPEC 产量的增长和允许伊拉克重新进入市场使 1995 年的油价继续波动不定。

1.4　近代天然气发展史

当天然气开始被认为是有用的清洁能源而不仅仅是作为石油副产品被浪费时，天然气的价值上升了。然而，天然气的运输比液态石油困难，能源最终消费部门基础建设主要设在石油和煤矿附近，使天然气在早期很长一段历史中不能成为优质的矿产。在早期的这些日子里，除美国之外，天然气被认为是一种特别边缘的矿产。

20 世纪 50 年代和 60 年代由于低价促进需求，美国天然气市场不断发展壮大。在这几十年中影响天然气市场的因素很多，联邦政府调节委员会的影响最大，使天然气在供不应求时保持最高限价，天然气价格的双重结构制度，它与使生产者通过开发新储量补充产油量一样混乱和低效。有些类型的天然气供不应求，需求增大，最终导致 20 世纪 70 年代后期天然气局部短缺。

1972 年，美国天然气总消耗量创下 $22 \times 10^{12} ft^3$ 的纪录。此后，能源供应不稳定，而且价格上升削弱了对天然气的需求。到 20 世纪 80 年代，较低的需求量导致短期内天然气供过于求，因此，很多产气区生产不稳定。1986 年，天然气总消耗量为 $16 \times 10^{12} ft^3$，是 1965 年以来年总消费量最低的一年。

天然气需求量的减少使天然气终端用户有限，特别是在工业和电业部门最为严重，在 20 世纪 80 年代初期和中期选择转换使用燃料证明是最可行的。工业部门天然气消费下降为 1972—1986 年期间所消费的 $5.9 \times 10^{12} ft^3$ 的一半以上。电业部门天然气消费下降约 1/4 左右。美国 1986 年天然气消费下降至最低位，然后稳定地上升，1994 年达到 $21 \times 10^{12} ft^3$ 以上，同时所有地区用户的消费量都增加了。

在过去的几十年中，世界其他地区天然气的供需也急剧上涨。欧洲西北近海地区巨大的天然气供应，尤其是北海、非洲北部和苏联的天然气供气能力增加了欧洲对天然气的需求。由于天然气液化技术的诞生，使天然气大量在集装箱运货船中跨过海域进行长距离运输，促使亚洲巨大天然气市场产生。远东国家，特别是日本消耗大量的再蒸发液态天然气，这些液态天然气来自澳大利亚、印度尼西亚、马来西亚、文莱和中东。在人们越来越关心环境退化的世界里，天然气因为是清洁能源，有望在 21 世纪成为发展最快的主要燃料。

正如 20 世纪 70 年代油价波动彻底改变了石油工业一样，20 世纪 80 年代美国天然气价格制度的剧变彻底改变了天然气行业。20 世纪 80 年代期间，调节制度和立法机关的变化使消费者直接从生产者手里购买天然气，安排管道和分配公司为他们有偿输送。联邦能源调节委员会（FERC）636 号命令，1993 年 11 月执行，通过所需的州际管线对不同产品作分类交易，即分离他们的销售和运输服务，延伸到更有效的市场。1992 年，天然气输送到美国工业、电业和商业用户手中，包括 70% 的工业用户，64% 的电业用户和 17% 的商业用户，购买的天然气总计达 $7.4 \times 10^{12} ft^3$。不久以后美国管道运输同天然气批发商销售相比占据了主导地位，批发商销售的送货方式仅占很小一部分。

目前美国天然气工业主导市场趋势是越来越多地将天然气储存在衰竭的气藏中或其他的地貌构造中，帮助解决需求急剧增加时期的问题。当严重的寒流可能使天然气现场价格上升 100% 以上时，这样可以拉平价格季节性波动。价格季节性波动是过去工业的典型特征。这反过来有助于生产者通过提供可预测的消费速率进行部署，但剩下的产量较少，在指导供需平衡方面缺乏决定性，如图 1.8、图 1.9 所示。

1993 年，美国天然气总产量为 $23 \times 10^{12} ft^3$，连续第七年上升。这说明天然气越来越重要，天然气主要产自近海气井，也有部分产自煤层气井。煤层气又称煤层甲烷，产气量虽小但增长迅速。美国约 3/4 左右的天然气总量产自气井，称为干气或非伴生气，其余的来自油井，称为伴生气。

由于在北美天然气生产者面临危机失去信心时进行调整改革，形成了无拘无束的天然气贸易市场，也就意味着市场价格不稳定，天然气竞争的结果也是这样。结果是近几年天然气价格急剧变化，分析家认为增加天然气库存的利用有助于缓解这种情况。

油气生产者同样看到反映石油行业有利的大量关键性市场标志，如图 1.10 ～图 1.13 所示。这些标志表明经济繁荣的时代，虽然当时受生产者欢迎，但最后对该行业是不利的。当感觉对某种物品或服务的需求超过这种物品或服务的时间过长时，那些物品或服务的消费者就会控制

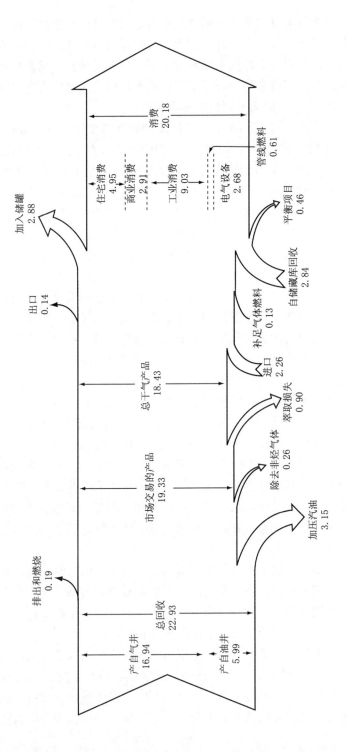

图 1.8 1993 年美国天然气生产流程（资料来源：美国能源情报局）

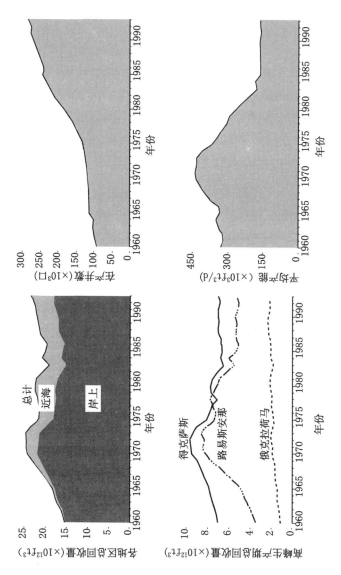

图 1.9 美国天然气总回收量和气井产能（资料来源：美国能源情报局）

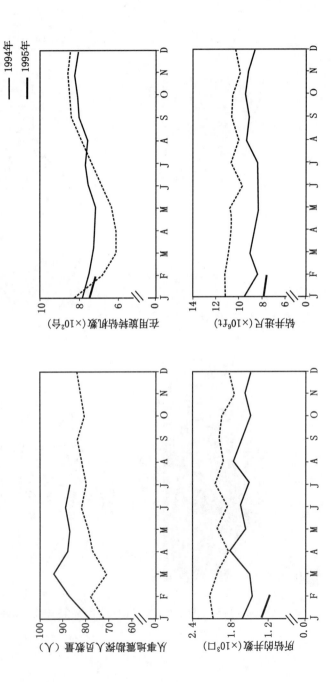

图 1.10 美国油气资源开发指示曲线

产品的使用或转向其他替代产品，从而无法控制物价的急剧变化。因此，物价不断急剧变化和需求不断下降之间不可避免要产生矛盾和危机，繁荣必然转向衰退。全球石油行业最终已认识到了这一点，因此，石油行业未来对其使命和结构要不断地进行重新思考以确保在变幻莫测的市场中获得的收益率，正如我们在下章将要讨论的一样。

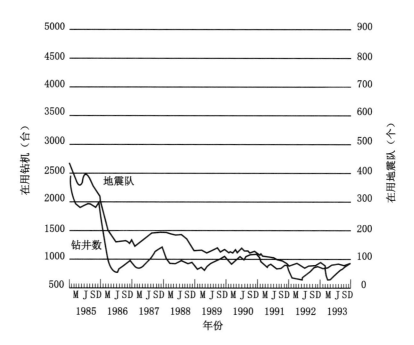

图 1.11　美国在用旋转钻机和地震队

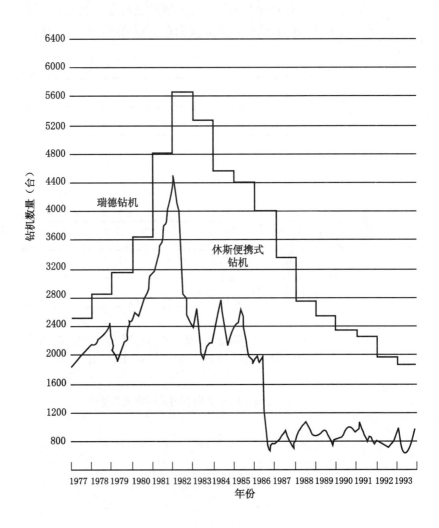

图 1.12 美国钻机的利用状况

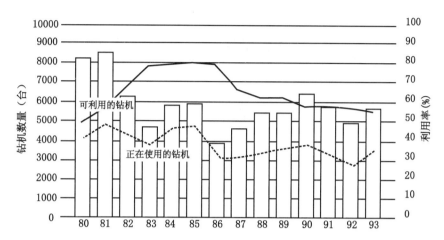

可利用的
和正在使
用的钻机
利用率

	80	81	82	83	84	85	86	87	88	89	90	91	92	93
	4937	5616	6730	7861	7988	8007	7958	6646	6245	6247	5742	5752	5663	5645
	4089	4850	4248	3732	4666	4716	3037	3060	3341	3391	3658	3331	2757	3158
	83%	86%	63%	47%	58%	59%	38%	46%	54%	54%	64%	58%	49%	56%

图 1.13　美国修井机的利用状况（资料来源：修井公司）

2 石油工业的结构

我们已经了解到石油及其产品在 20 世纪对世界经济的影响越来越大。由于油气供需市场急剧地发生变化，石油行业的自身结构也相应发生改变。下面介绍找油气，从地下采出油气，把油气转变成我们可用的产品以及在市场上买卖的所有重要公司（图 2.1）。

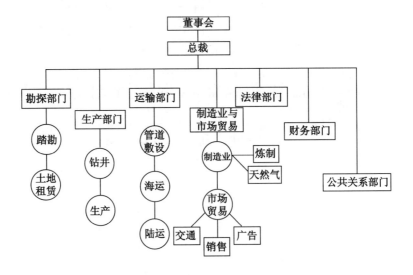

图 2.1 石油公司的组织机构

石油工业公司的主要区别在于公司是一体化的还是非一体化的。一体化公司主要指不仅生产油气（上游公司），而且炼制原油并把产品投放市场（下游公司）的大型公司。这些公司中最大的一般被认为是"综合性大型公司"。

2.1 综合性大型公司

美国很多综合性大型公司都把公司总部设在美国，但近年来，发现该行业又在其他国家发展了一些大型油公司，很多公司部分或完全由政府拥有。

因为拥有上游和下游作业，所以具有联合公司的资格，但只有少数公司在资产和市场规模方面可被认为是综合性大型公司。这些公司，如埃克森公司、莫比尔石油公司、雪弗龙公司、德士古公司、阿莫科公司和阿科公司已是家喻户晓的世界上最大的一些石油公司。

根据 1994 年美国《油气杂志》对美国前 300 位油气公司的调查，就资金而言，这 6 个公司占《油气杂志》上前 300 位资金总额的一半以上。如果延伸到前 20 位最大公司，按照资金计算，那么，这前 20 位最大公司的资金可能占《油气杂志》上前 300 位资金总额的 85% 左右。就油气储量和产量而言，前 20 名也位居主导地位。

还有在美国之外设立总部的大公司，包括世界上最大的非国有石油公司英荷壳牌集团（Royal/Dutch Shell）。就关键资质和范围来说与美国大公司同等、在很大程度上由公众股东拥有的这些公司，包括英国石油公司、法国道达尔公司、埃尔夫阿奎坦公司、比利时炼油公司、澳大利亚布罗肯希尔土地兴业公司、加拿大帝国石油公司和阿根廷石油公司。

因为天然气主要以与其井口产出不同的形式交易，有一个天然气处理过程，需要回收夹在天然气流中的液体——即使销售这些液态天然气（NGL），一般也不认为这些液态天然气是"下游产品"。

然而，天然气公司中正在出现一种新的联合形式，有些天然气公司有天然气生产、销售、加工、液态天然气销售、管线运输、局部配气和终端用户部门（一般是燃气发电厂）。

现在我们不断看到出现一些自认为与天然气大公司有同等重要地位的天然气公司，如英国天然气公司、安然公司和具有一定关键质量的天然气公司，这些公司的经营范围遍及全球，但未加盟到埃克森或壳牌公司，虽然世界范围规模较小，但因为增长迅速，在一定程度上可以认为是大公司，如表 2.1 ～ 表 2.7 所示。

表 2.1　1993 年净收入和股东资产净值排名前 20 位公司

名次	公司名称	净收入 （×10³ 美元）	名次	公司名称	股东资产净值 （×10³ 美元）
1	埃克森	5280000	1	埃克森	34792000
2	莫比尔	2084000	2	莫比尔	17237000

续表

名次	公司名称	净收入 （×10³美元）	名次	公司名称	股东资产净值 （×10³美元）
3	阿莫科	1820000	3	壳牌石油	14624000
4	英国石油公司	1461000	4	雪佛龙	13997000
5	雪佛龙	1265000	5	阿莫科	13665000
6	德士古	1068000	6	德士古	10297000
7	大陆石油公司	812000	7	阿科	6127000
8	壳牌石油	781000	8	美国西方石油公司	3958000
9	安然公司	332522	9	子午线油公司 （Meridian）	3435691
10	联合太平洋资源公司	309000	10	加州联合油公司	3129000
11	子午线油公司 （Meridian）	303138	11	USX－马拉松石油	3110000
12	美国西方石油公司	283000	12	阿拉美达赫斯	3028911
13	阿科	269000	13	飞利浦石油公司	2688000
14	索纳特公司	261000	14	安然公司	2623374
15	飞利浦石油公司	243000	15	滨海公司	2278100
16	加州联合油公司	213000	16	统一天然气公司	2176432
17	统一天然气公司	205916	17	科麦奇公司	1512000
18	哥伦比亚天然气系统公司	152200	18	宾索石油公司	1505804
19	阿希兰石油公司	142234	19	阿希兰石油公司	1454794
20	宾索石油公司	141856	20	索纳特公司	1363215
合　计		17427106	合　计		142984321

表 2.2 1993 年美国钻井投资排名前 20 位

名次	公司名称	勘探投资 (×10³ 美元)	名次	公司名称	美国净钻井数 (口)
1	埃克森	8167000	1	Gerrity 油气公司	468.1
2	雪佛龙	4440000	2	德士古	408.0
3	莫比尔	3656000	3	安然公司	379.5
4	阿莫科	3346000	4	莫比尔	365.0
5	德士古	2892000	5	雪佛龙	350.0
6	壳牌石油	2279000	6	阿科	327.0
7	阿科	2070000	7	Snyder 油公司	326.8
8	大陆石油公司	1659000	8	联合太平洋资源	323.0
9	阿拉美达赫斯	1348041	9	阿莫科	283.0
10	英国石油公司	1250000	10	美国西方石油公司	282.6
11	加州联合油公司	1249000	11	子午线油公司 (Meridian)	271.5
12	飞利浦公司	1216000	12	Parker&Parsley 石油公司	238.5
13	美国西方石油公司	1083000	13	埃克森	231.0
14	USX－马拉松石油	910000	14	壳牌石油	226.0
15	安然公司	695437	15	HS 资源公司	218.9
16	墨菲油公司	637556	16	圣达菲能源公司	198.6
17	自由港马可莫运公司	568197	17	加州联合油公司	191.0
18	子午线油公司 (Meridian)	553253	18	索纳特公司	175.1
19	阿巴契公司	543500	19	公平资源公司	152.7
20	索纳特公司	516466	20	卡波特油气公司	149.8
	合　　计	39097450		合　　计	5566.0

表 2.3 1993 年液态石油储量前 20 位

名次	公司名称	美国液态石油储量 ($\times 10^6$bbl)	名次	公司名称	世界液态石油储量 ($\times 10^6$bbl)
1	英国石油公司	2561.0	1	埃克森	5758.0
2	埃克森	2324.0	2	莫比尔	2809.0
3	阿科	2259.0	3	阿科	2465.0
4	壳牌石油	2203.0	4	雪弗龙	2414.0
5	德士古	1458.0	5	壳牌石油	2331.0
6	雪弗龙	1279.0	6	德士古	2224.0
7	阿莫科	1256.0	7	阿莫科	2223.0
8	莫比尔	1116.0	8	飞利浦公司	1037.0
9	USX-马拉松石油	573.0	9	大陆石油公司	964.0
10	加州联合油公司	483.0	10	USX-马拉松石油	842.0
11	飞利浦公司	432.0	11	美国西方石油公司	793.0
12	大陆石油公司	344.0	12	加州联合油公司	764.0
13	奥瑞克斯能源公司	259.0	13	阿拉美达赫斯	670.0
14	圣达菲能源公司	230.9	14	奥瑞克斯能源公司	508.0
15	宾索石油公司	199.0	15	马克斯能源公司	311.3
16	阿拉美达赫斯	198.0	16	圣达菲能源公司	248.2
17	美国西方石油公司	195.0	17	墨菲油公司	202.4
18	子午线油公司 (Meridian)	168.2	18	宾索石油公司	201.0
19	联合太平洋资源	156.9	19	科麦奇公司	199.0
20	米切尔能源开发公司	122.7	20	子午线油公司 (Meridian)	168.2
	合　计	17817.7		合　计	27132.1

表 2.4 1993 年液态石油产量前 20 位

名次	公司名称	美国液态石油产量（×10⁶bbl）	名次	公司名称	世界液态石油产量（×10⁶bbl）
1	英国石油公司	228.9	1	埃克森	568.0
2	阿科	221.0	2	雪弗龙	295.0
3	埃克森	202.0	3	莫比尔	285.0
4	德士古	155.0	4	阿科	250.0
5	壳牌石油	147.0	5	阿莫科	236.0
6	雪弗龙	144.0	6	德士古	228.0
7	莫比尔	110.0	7	壳牌石油	170.0
8	阿莫科	100.0	8	大陆石油公司	135.0
9	加州联合油公司	48.0	9	飞利浦公司	89.0
10	飞利浦公司	47.0	10	加州联合油公司	84.0
11	USX－马拉松石油	41.0	11	阿拉美达赫斯	79.0
12	大陆石油公司	40.0	12	美国西方石油公司	79.0
13	联合太平洋资源	31.9	13	USX－马拉松石油	57.0
14	阿拉美达赫斯	26.0	14	奥瑞克斯能源公司	43.0
15	奥瑞克斯能源公司	24.0	15	联合太平洋资源	31.9
16	宾索石油公司	24.0	16	马克斯能源公司	27.9
17	圣达菲能源公司	21.9	17	圣达菲能源公司	24.3
18	美国西方石油公司	21.0	18	宾索石油公司	24.0
19	米切尔能源开发公司	20.3	19	米切尔能源开发公司	20.3
20	子午线油公司（Meridian）	15.3	20	科麦奇公司	19.4
合　计		1669.3	合　计		2745.8

表 2.5 1993 年天然气储量前 20 位

名次	公司名称	美国天然气储量 （×10⁹ft³）	名次	公司名称	世界天然气储量 （×10⁹ft³）
1	阿莫科	11767.0	1	埃克森	25816.0
2	埃克森	9530.00	2	阿莫科	17650.0
3	雪佛龙	5484.0	3	联合太平洋资源	17321.2
4	莫比尔	5372.0	4	莫比尔	16959.0
5	子午线油公司 （Meridian）	5221.0	5	阿科	8005.0
6	壳牌石油	4911.0	6	雪佛龙	7741.0
7	阿科	4725.0	7	加州联合油公司	6632.0
8	德士古	4329.0	8	飞利浦公司	6069.0
9	飞利浦公司	4276.0	9	德士古	5970.0
10	加州联合油公司	3727.0	10	子午线油公司 （Meridian）	5221.0
11	英国石油公司	2806.0	11	壳牌石油	5199.0
12	USX－马拉松石油	2044.0	12	USX－马拉松石油	3748.0
13	美国西方石油公司	1980.0	13	大陆石油公司	3680.0
14	阿纳达科石油公司	1836.0	14	阿拉美达赫斯	2653.0
15	大陆石油公司	1802.0	15	美国西方石油公司	2136.0
16	联合太平洋资源	1731.2	16	沃锐克斯能源公司	1881.0
17	宾索石油公司	1453.0	17	阿纳达科石油公司	1875.0
18	奥瑞克斯能源公司	1431.0	18	安然公司	1772.2
19	安然公司	1400.7	19	宾索石油公司	1491.0
20	梅塞尔公司	1202.4	20	梅塞尔公司	1202.0
合 计		77028.3	合 计		143021.8

表 2.6 1993 年天然气产量前 20 位

名次	公司名称	美国天然气产量 ($\times 10^9 \text{ft}^3$)	名次	公司名称	世界天然气产量 ($\times 10^9 \text{ft}^3$)
1	阿莫科	867.0	1	莫比尔	1665.0
2	雪佛龙	751.0	2	埃克森	1583.0
3	埃克森	697.0	3	阿莫科	1487.0
4	德士古	652.0	4	雪佛龙	902.0
5	莫比尔	558.0	5	德士古	748.0
6	壳牌石油	539.0	6	加州联合油公司	623.0
7	加州联合油公司	365.0	7	壳牌石油	553.0
8	飞利浦公司	345.0	8	飞利浦公司	509.0
9	子午线油公司 (Meridian)	336.0	9	大陆石油公司	481.0
10	阿科	332.0	10	阿科	449.0
11	大陆石油公司	305.0	11	子午线油公司 (Meridian)	336.0
12	安然公司	240.0	12	阿拉美达赫斯	323.0
13	联合太平洋资源	226.0	13	USX－马拉松石油	317.0
14	宾索石油公司	220.0	14	安然公司	262.2
15	美国西方石油公司	219.0	15	美国西方石油公司	238.0
16	USX－马拉松石油	193.0	16	联合太平洋资源	226.0
17	奥瑞克斯能源公司	191.0	17	宾索石油公司	223.0
18	阿拉美达赫斯	183.0	18	奥瑞克斯能源公司	220.0
19	阿纳达科石油公司	159.0	19	阿纳达科石油公司	162.0
20	索纳特公司	146.1	20	索纳特公司	146.1
	合　计	6657.1		合　计	11453.2

表 2.7 1993 年产量和储量领先者

名次	公司名称	产量 (×10⁶bbl)	名次	公司名称	储量 (×10⁶bbl)
1	沙特阿拉伯石油公司	2950.0	1	沙特阿拉伯石油公司	258703.0
2	伊朗国家石油公司	1327.5	2	伊拉克国家石油公司	100000.0
3	中国国家石油公司	1061.4	3	科威特国家石油公司	94000.0
4	墨西哥石油公司	975.7	4	伊朗国家石油公司	92860.0
5	委内瑞拉石油公司	894.3	5	阿布扎比国家石油公司	92200.0
6	壳牌石油公司	747.0	6	委内瑞拉石油公司	64447.0
7	尼日利亚国家石油公司	692.0	7	墨西哥石油公司	50925.0
8	科威特国家石油公司	682.2	8	中国国家石油公司	24000.0
9	阿布扎比国家石油公司	654.1	9	利比亚国家石油公司	22800.0
10	利比亚国家石油公司	499.7	10	尼日利亚国家石油公司	17899.8
11	Pertamina（印度尼西亚）	484.0	11	Sonatrach（阿尔及利亚）	9200.8
12	英国石油公司	453.3	12	壳牌石油公司	8744.0
13	阿曼石油矿产部	284.4	13	印度石油天然气公司	5920.9
14	Sonatrach（阿尔及利亚）	274.9	14	Pertamina（印度尼西亚）	5779.0
15	Petronas（马来西亚）	235.4	15	阿曼石油矿产部	4700.0
16	巴西石油公司	232.9	16	英国石油公司	4537.0
17	埃尔夫阿奎坦公司	226.0	17	Petronas（马来西亚）	4300.0
18	叙利亚国有石油公司	210.3	18	迪拜石油公司	4000.0
19	刚果 AGIP 公司	195.0	19	卡塔尔石油总公司	3729.0
20	印度石油天然气公司	194.9	20	巴西石油公司	3600.0
	合 计	872344.7		合 计	13275.1

资料来源：《油气杂志》第 100 期。

2.2 独立型公司

一般来说，非一体化石油公司被认为是独立公司，无论其主要的业务重点是上游还是下游。这些独立公司有很多，如墨菲油公司、路易斯安那陆地勘探公司、特索罗（Tesoro）和迈普科（Mapco）公司。最终在某种程度上有联合，但不能确定他们的数十亿美元资产。

尽管独立公司一般被认为主要是上游公司，但有大量的大型独立炼油厂和炼油厂／销售商，如雪铁戈（Citgo）、钻石三叶草（Diamond Shamrock）和特斯科（Tosco）公司这些独立公司是下游公司。小型独立炼油厂的排名靠后，但是，作为炼油规模经济幸好与大炼油厂一致。

规模经济也与经济破坏有很大关系，在 20 世纪 80 年代油价下跌时，规模经济影响了油气生产商家的排名。当大公司和特大公司遭受巨大损失而停产、重组和整顿时，许许多多的小型独立公司瓦解破产，销声匿迹。

过去 10 年美国油气开采行业的雇员已减半，裁员目前仍在继续。根据美国独立石油协会（IPAA）统计，1993 年年平均油气雇员为 343400 人，比 1992 年年平均下降 10400 人。

当本书第二版即将印刷时，许多特大公司和独立公司仍在进行新一轮重组和裁员，1995 年上游和下游公司的雇员人数再次下降。IPAA 认为持续多轮油气价格下降可能使其他 75000 个采矿区存在风险。

一般来说，独立生产者是为市场生产油气的法人或企业，但通常没有输送产品的管道或处理油气的精炼厂。有时这些作业者是真正的承包者，在小的区块上租地打井，这些区块要么被大型公司忽视了，要么大型公司认为不值得勘探，直到发现油气时为止。

历史上，独立生产者把注意力集中在勘探开发领域。事实上，多数探井都是独立生产者负责钻探。1969—1978 年间，美国独立生产者打的探井几乎占新油田野猫井的 90%，其余的是大型公司负责打的。发现油气的结果也是同样的：同期独立生产者重大油气发现占 80% 以上，而大型公司占 20% 以下。

独立公司钻井作业大多在陆上 48 个州进行，尽管越来越多的独立公司正在扩大现有的海上作业区域。在美国，大公司一般在阿拉斯加海上区域大量钻井，重点是发现更大的潜在储量。因此，在 1969—1978 年期间，大公司 20% 的油气发现找到了 44% 的油气储量，而独立公司油气发现多得多，但找到的油气储量仅占 56%。

按绝对产量计算，20 世纪 70 年代末期以来，独立公司的原油产量十分稳定。在 20 世纪 80 年代初，独立公司产量占美国总产量的百分比不断上升，但随后略有变化。美国大多数大型石油公司产量出现下滑。事实上，如果我们不考虑阿拉斯加北坡管理区的石油产量，那么独立生产者的油气开采活动是阻止美国石油产量急剧下降的唯一因素。独立开采者在防止美国油气产量严重下滑方面起到了重要作用，1974—1982 年经济繁荣期间他们的油气井完井由 68.5% 上升到 85%，进一步体现了其重要作用。

实际上这种比例今天仍然保持着，美国《油气杂志》预测，在 1995 年美国和加拿大西部所钻的 33000 口不规则井中，大公司钻了 32000 口，这与 1994 年已知的比例相同。

这类勘探开发项目受价格和投资关系的影响。自从 1971 年以来，勘探开发投资上升，趋向基本上与价格上升持平，主要归因于世界原油市场和美国州内天然气市场。当投资（如无形钻井费用税收最小化）或收益（如消耗百分率）税收处理有重大变化时除外。

开采者一般同时开采原油和天然气获得收益。因此，他们的收入（可供再投资的资金）取决于油气综合价格。开发石油资源的费用在很大程度上随油气价格而变，油气价格上升，勘探开发的投资也上升。如果油气价格保持相对稳定，勘探开发的投资也保持相对稳定。

值得注意的是，勘探开发利润的增加不可能立即很明显地表现出来，而是存在一个筹备期——有时实际上就是投资和实际生产之间的时间。对于高额投资的勘探，如在加利福尼亚和阿拉斯加海上作业区，筹备期有时可能长达几十年。

无论在美国还是在其他国家，独立生产者对于开发国有资源都是至关重要的。独立生产者对井口价格波动和因政府机构税收引起的作业费用的上涨非常敏感。因此，必须对影响油气工业的政策进行仔细评价。在作业费用区域性或全国范围内上升，并且与井口价格变化无关时，拥有全球作业和规模经济的大公司可能选择减少受影响区域的作业，而重点在友好投资环境作业或选择其他领域如下游作业。大多独立生产者没有这些方面的优势，这就是为什么石油工业越来越全球化的原因。

图 2.2 为利润和投资名列前茅的独立油气公司。

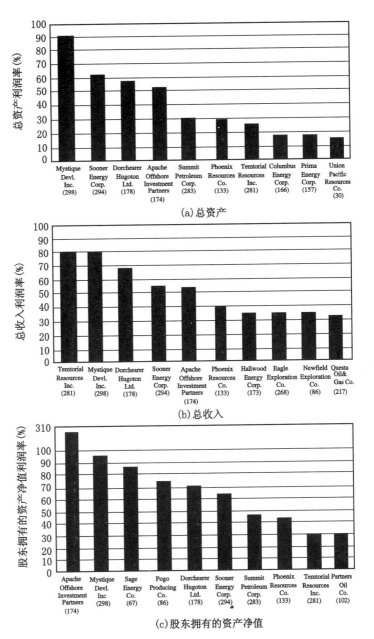

(a) 总资产

(b) 总收入

(c) 股东拥有的资产净值

图 2.2　利润和投资名列前茅的独立油气公司（来源：油气杂志，第 300 期）

2.3　世界石油工业

在 20 世纪 70 年代和 80 年代石油工业迅速发展，然后紧缩，90 年代 10 年间出现两个重要的新趋势，这就是全球化和私有化，后者给前者加油。

由于各种原因，主要是缺乏新的有潜力的大型和特大型油气发现（这是美国大公司所偏爱的），加上美国作业费用高和日益增长的繁重的管理负担（尤其是周围场所），美国已有大量的上游资金转到其他国家去了。技术进步尤其是以计算机为基础的技术进步、已发现的地质新理论，使地质勘探家对以前不考虑或忽视的地区再次感兴趣。同时，更多国家采取一些好的鼓励政策吸引国外资金和专家进行勘探开发。这种情形在过去不曾有过。

这两种趋势使有些国家的经济福利发生惊人的转变。这里有几个实例。不久以前哥伦比亚还是石油净进口国，由于外国公司在成熟产油地区发现大型油气藏，目前哥伦比亚已成为西半球最大的石油输出国。像巴布亚新几内亚这种基本上没有商业油气生产的国家，因为近几年依靠大油气公司通过外国大公司发现的力量迅速建起了石油基础设施，几乎一夜之间成为重要的石油输出国。这些例子已推动其他国家提高国外投资期限。现在争夺石油的非生产国、新生产国和成熟生产国都认识到他们必须竞争以得到跨国公司的石油资金和专家的支持。在这场角逐中，也不仅仅只是大公司的参与，许多独立公司越来越认识到全球一体化不仅对石油工业的繁荣而且对石油工业的未来生存发展都是必须的。随着变化速度和适应性的提高，这些年，小型独立公司常常寻找到有一定影响力的地质远景带，然后寻求大公司和较大的独立公司的帮助，以有利于资金的补缺。

同时，世界上一直存在民主化和私有化发展的趋势，苏联（FSU）和东欧共产主义崩溃就是最戏剧性的反映。现在普遍认为那些繁荣稳定的国家至少是向民主化和采用自由市场原则发展的那些国家。

在很多国家，这个认识是以石油部门私有化急速增长为基础的。有些国家包括一些重要的 OPEC 生产国甚至一些社会主义国家在最初的几十年中，不仅欢迎外国公司提供服务，而且把主要的流动资金投到上游、中游和下游作业中。近几十年，甚至石油部门国有化的国家如委内瑞拉正在逆转这个过程。许多情况下，甚至古老的石油垄断部门，如意大利的石油垄断部门被拆成公司和零星拍卖的资产，公认政府干预油气部门肯定会使效率不高。对于许多政府来说这是非常敏感的区域，常常必须分解本地以油气为基础的燃料津贴，因为引起价格剧变会造成国民意见不统一，如拉丁美洲的很多国家或必须卖掉几代人认为是"民族祖传财产"的国家，墨西哥就是这样的情况。

全球化朝两个方向发展。一方面国有化和原来国有石油公司越来越重要（表2.7）。某些情况下，如完全私有化的YPF集团用资产一夜之间创建了一个新型大公司，现在，这些公司灵活自由地运作，使之在国际市场上有一定的影响力。另外，如科威特和沙特阿拉伯国有石油公司越来越认识到他们必须忽略本国边界而仿效跨国公司集中公共股份公司的资金，同时保留那些公司的灵活性。

当这些趋势继续发展下去时，世界石油行业的形式将会发生巨大的变化。苏联会有很多新的竞争者作为新油公司的主人正在跃起，取代了以前的国家专营。俄罗斯也很可能产生大量的拥有资产和机会的联合公司，准确地说称为大型公司。

在20世纪90年代，重组、成本遏制、全球一体化和私有化不再是石油行业的时髦话。它们已成为现代石油工业企业文化和结构的主要成分。

关于石油生产行业的结构已讲得非常充分，现在让我们立即转入令人神往的石油生产领域，了解采油公司赖以寻找油气的产层类型。

3 产 层

　　地壳主要由三种岩石组成：火成岩、变质岩和沉积岩。尽管在三种岩石中均可找到油气，但与沉积岩关系最密切。虽然沉积岩有各种各样的成因，但一般通过风力、水力或化学沉积（如淋滤）而成，并下伏于地壳中。这些沉积物可分成以下几类：岩石（砂岩、页岩）、碳酸盐（某些石灰岩）和白云岩。

　　虽然沉积岩与油气有关，但并非所有沉积岩均含石油和天然气。为了使石油生成，很多科学家认为除了必要的温度和压力外，还推论必须有动植物遗体存在。那么这些环境是如何出现的呢？

　　起源于茫茫大海和内陆湖泊的早期生命覆盖了现存大陆块的大部分地方。当大量海洋动植物死亡后，其残体迅速被海底的泥沙埋藏封存（图 3.1）。

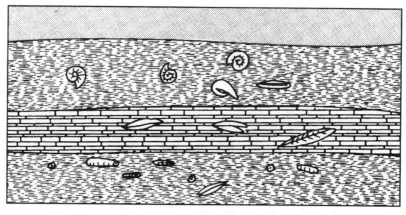

图 3.1　动植物死后，沉降到海底而被埋于泥沙之中

　　江河携带的大量泥沙通过不断改变海岸线的水流和潮汐得以分散。这与海洋生物残体一起沉积在海底和三角洲而被再次埋藏，淤泥浆和海水防止这些残体进一步腐烂。随着时间的推移，当越来越多的有机物层、砂层、粉砂层、黏土层和石灰层积聚起来，上覆沉积物重量将巨大压力作用在下面的沉积层上，随着沉积物重量的不断增加，海底慢慢下沉，形成和保存泥、砂和碳酸盐的厚层序。这些层序最终形成沉积岩，

巨大的压力、高温、细菌作用和化学反应使原油和天然气产生了。

3.1　油气聚集和产状

与传统的观念相反，油气并非存在于地表下的巨大湖泊和江河中（即使我们确实谈论油藏）。换言之，早期动植物残体中的碳和氢重新组合衍生出的原油和天然气——烃作为流体出现占据了沉积岩的孔隙空间。

追溯到沉积环境，原本含有腐烂动植物的泥沙层称为源岩层。这些源岩层包括深海页岩和浅海石灰石。沉积和变形的沉积物继续挤压源层导致压力和温度高到足以让油气从源岩中向外运移并聚集在邻接的多孔渗透性储集岩中（图 3.2），如砂岩、碳酸盐岩（石灰岩）和白云岩。后面的这些岩石是运移过来的油气仓库称为储集岩。

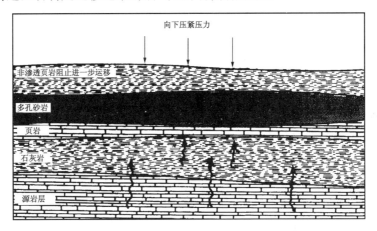

图 3.2　上覆岩层的重量压紧海底，把油气从源岩层挤出，向上运移进入储集岩层

那么油气怎样通过岩石运移呢？岩石不是固体吗？岩石不是真正的固体，它充满无数微小空隙和裂缝称为孔隙（图 3.3）。这些孔隙是组成储集岩的各种颗粒之间的空间。有些岩石孔隙大，有些岩石孔隙小。孔隙体积占岩石总体积的比例称为孔隙度，一般用百分数表示。优良砂岩孔隙度可达 30%，而致密的石灰岩低至 5%。因此，孔隙体积百分数越大，岩石容纳石油的能力越强。

除了要找到有效的孔隙空间外，油气必须能在孔隙间移动，最终运移到地表附近。流体通过岩石中互相连通的孔隙运移的难易程度称为渗

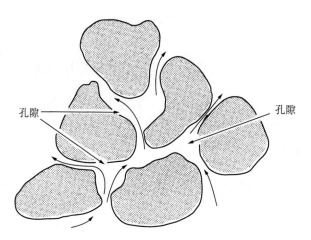

图 3.3　聚集在岩石空隙或孔隙中的石油通过微小
裂缝通道的流动性称为孔隙度和渗透率

透率。岩石渗透率越高，油气在岩石孔隙间运移越容易。

　　为了说明孔隙度的概念，下面让我们举个例子。取两个体积相等的桶，一个填满干砂，另一个充满水。然后慢慢地把水桶里的水倒入砂桶，如果水桶里的一半水倒入砂桶而未溢出，我们说孔隙度为 50%，如果水桶里的水只能有四分之一倒入砂桶，孔隙度则为 25%，依此类推。

　　所以沉积物颗粒间的微小空隙或孔隙为油气聚集提供了空间。岩石中的微裂缝使油气从源岩运移至储集岩。

　　石油运移有两个独立的阶段。第一阶段，油气比水轻，如果把一滴电动机润滑油放在一盘水中，油会浮在水面。同样，油气从较低的海底源岩层向上面孔隙更多的岩层运移，在多孔层内继续向上运移直至到达非渗透岩层为止，这些流体就被非渗透岩层捕集起来。

　　我们提到的岩层和圈闭是什么意思？记住沉积岩基本上是以水平或略微倾斜的形式沉积的称为地层（图 3.1）。当增加沉积层时，较下面的沉积层受挤压形成岩石。但是，大多数岩层的强度都不足以抵挡地壳的运动压力，所以发生了变形。

　　有一种变形叫褶皱，它一般是山脉如落基山脉后面的影响力（图3.4）。皱折大小范围从小皱纹到数英里的巨大穹隆和槽谷交叉出现。隆起或拱顶称为背斜，低洼地或槽谷称为向斜。褶皱可以是对称的，两边具有相同的侧倾角，也可以是不对称的，一边比另一边陡峭。背斜脊倾入相反方向的非常短小的背斜称为穹隆。穹隆对石油工业非常重要，因为它们是发现油气圈闭的第一类地质构造。

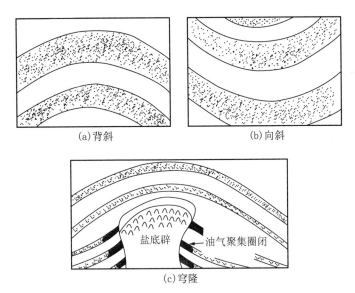

(a)背斜   (b)向斜

盐底辟 ←油气聚集圈闭

(c)穿隆

图 3.4   一些典型的褶皱

    断层是另一种变形体。几乎所有的岩石都有一定程度的断裂，形成裂纹称为节理。如果岩层裂缝或节理的一边与该岩层节理的另一边位移方向不同就形成了断层。这些断层可使岩层位移从仅为几英寸到几千英尺，有时甚至数英里，如加利福尼亚 San Andreas 断层。断层通常可分为正断层、逆断层、冲断层或走向断层几种类型，视位移情况而定（图3.5）。正断层和逆断层的位移是上下方向，而冲断层和走向断层的位移

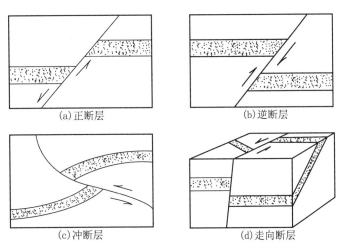

(a)正断层   (b)逆断层

(c)冲断层   (d)走向断层

图 3.5   断层（另外几种类型的变形）

主要是水平方向。断层还可能同时有水平和纵向位移。

　　地球运动的另一种结果是剥蚀或阻止其他地方各种沉积物的沉积。这种掩埋的剥蚀面称为不整合（图 3.6）。由于它的圈闭能力大，所以通常十分重要。

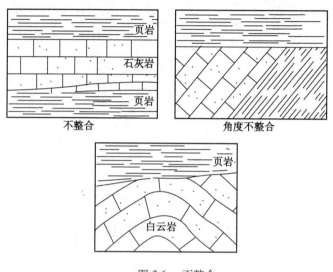

图 3.6　不整合

　　地球运动因为形成容纳大量石油聚集的屏障而对研究石油地质非常重要。记住油气不断运移，永远上升，有时纵向，有时横向，直到最终它们被某种岩石变形所捕集时为止。

　　圈闭可以分成三大类：构造圈闭、地层圈闭和复合圈闭。构造圈闭是油或气作为储集岩构造条件（皱折或断层）的结果而被定位的地方。这种条件由地壳运动引起。地层圈闭是油或气作为岩石岩性变化（如岩石类型或孔隙度变化）的结果而被定位的地方。复合圈闭包括构造圈闭和地层圈闭两种（图 3.7）。

　　因此，石油聚集必须满足三个条件。第一，必须有油气源；第二，必须有储集岩——多孔渗透性岩层，足以让流体流过该岩层；第三，必须有圈闭或隔层阻止流体流动而能够产生油气聚集。这个过程的下一个阶段是储层中流体的分离。

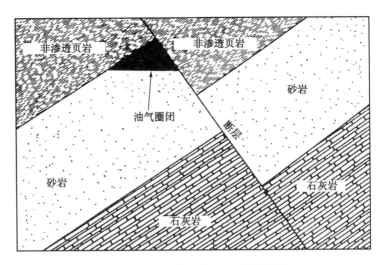

图 3.7　复合圈闭（油气通过断层构造
圈闭和非渗透页岩地层圈闭）

3.2　油气分离和油藏驱动力

当石油运移至圈闭后，它替换古海洋遗留其中的盐水。石油就像在淡水中一样容易浮在盐水上面（大量漏油就是证据）。所以油气不断向上运移，使盐水处于油藏的下面（图 3.8）。天然气甚至比油还轻，所以它一般在圈闭的最上面找到。油和含溶解气的油在气的下面，盐水在油的下面。

尽管盐水相对密度比油大，但并非全部都能从圈闭孔隙空间替换出来。这种残留的水称为原生水，充满较小的孔隙空间，在岩石微粒或颗粒表面涂上或形成一层膜。油气占据了这些有水膜的孔隙空间。这就是

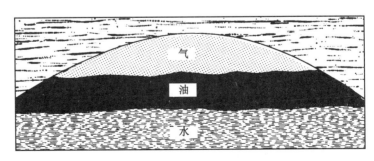

图 3.8　储层中按其密度自行分开的油、气和水

为什么盐水常常同油气一起从井中产出的原因。当油气流入井筒并带到地面时，它们同时携带着原生水。

岩石中流体流向井筒的驱动力是怎么产生的？有时它是压差。流体从高压区流向低压区。井筒的压力比周围岩石挤压层低，所以油气水向井筒流动。

通常，水是这个运动的贡献者。如果油藏上部的压力下降了，那么，水力会把油气推向井筒，这种方式称为水驱。气顶驱技术与此类似，油藏中与油水相伴的气体主要有两种方式：溶解气和游离气。如果压力足够高而温度足够低，天然气保持溶解状态。当原油到达地表和分离设备中压力降低时，气体从溶液中脱出。游离气倾向于在油藏最高构造部位聚集形成气顶。在气顶驱工艺中，井筒钻入油层。当原油衰竭时，气体膨胀减小压力不断把原油推向井筒（有关驱替更多信息见第 4 章）。

生产井中溶有气体是有利的，只要油藏气顶中有游离气体，油藏中的油就会保持含气原油饱和溶液状态。溶液中含气降低原油的黏度（或提高流动能力），使它容易流向井筒。

3.3 石 油 分 类

石油分类的主要方法之一是根据 API 重度不同。API 重度是美国石油学会（API）提出的一个公式中发现的一个特定的计量术语。影响原油密度的主要因素似乎是温度和压力。对大多数沉积盆地来说，随着深度增加，原油越轻，API 重度越高。越老越深的岩石通常 API 重度等级越高，而越新越浅的岩层 API 重度等级一般越低。这些重度等级在评价石油销售性能特别等级方面非常重要。

石油分类的另一个重要的观点是油气中的杂质含量。杂质以游离分子或与较大烃分子相连的原子存在。发现原油和天然气中最常见的杂质是硫，硫的腐蚀性非常强，必须在专门的精炼设备中炼制。因此，含硫石油的单价比含硫较少的原油低，此外，硫对钻井也有害，因为硫化氢是在 10s 内就能把人毒死的致命气体。

石油的生成、运移和储集的效率非常低。只有大约 2% 的分散在微小颗粒岩石中的有机物转化成了石油，仅仅 0.5% 左右的石油聚集在储层中成为商业产量。

全球分布的油气将近储层中油气的 200 倍。这一方面是因为储集岩

体积比地壳中总沉积物小，在成油盆地预期范围内，预期比例在 10 ∶ 1
到 100 ∶ 1 之间。

最后，储层成为生产层之前必须具备的几个条件：

（1）必须存在堵塞油气的圈闭。

（2）油藏必须有足够的厚度，面积和聚集大量油气的孔隙空间。

（3）油藏开始生产后，容纳的流体必须能以合适的速度采出。

（4）最重要的是，必须含有足够的流体使冒险投资具有商业价值。

如果所有这些条件都具备，该油藏就可以准备开发利用了。

4 开 发

我们已经了解到如何形成商业性油藏。现在我们介绍油田开发涉及的步骤，即从地面状况良好的钻井公司到地下测试和生产层，所有工作都从土地部门开始。

4.1 土地部门的职能

在各部门独自操作中，未开发的资产——没有钻井的地方属于土地部门管理。工作与土地部门关系密切的有合法勘探部门。事实上，勘探部门与土地部门互相纠缠不清，以至于这两个独立的部门常常合并。

土地部门取得未开发资产和为它提供服务的权利，直到该土地被开发生产或某公司决定部署该资产时为止。土地部门也常常受到非生产性资产固定不动公司在一定程度的关心。勘探部门要求资产应是获得的、可保持的、可发展的或没有约束的。法律部门检查资格、处理必要的权利诉讼，批准或起草法律文件。

当得到未开发的资产时，土地部门遵照两种不同来源的信息行事：初步勘探者和信息交换。初步勘探者使公司加速竞争者的勘探，并且开展出租业务活动。

信息交换如与其他公司交换测井曲线，也有利于减少石油公司曾经用于他们作业的技术秘密。实际上，勘探和出租业务活动的一般信息现在都可从土地勘探信息服务部门获得。

通过初步勘探者得到的信息可以导致该公司获得未曾勘探的地方的远景面积。或者这些一般的信息可为掌握现有帮助信息不完全先进的地质学家们提供一点思路。无论什么情况，一旦前景区位置确定，租地人就会介入。

租地人直接与土地所有者或租地经纪人谈判得到土地的面积。与初步勘探者一样，租地人除了要有很广泛的知识面以外，还应具备有效安排人员的能力。他或她不仅必须具有石油行业基础知识，而且必须具有合同法、财产法、会计法、税法和国家法规方面的工作知识。

在租赁期间，租地人给地主提供一份租约，地主保留八分之一的总油气生产的产区权益。而且石油公司几乎总是不得不付给地主红利以签订租约。这些红利在指定时间段内从允诺到钻一口井时每英亩付款现金是不同的。无论意见是否一致，在钻井之前，必须从地主手上取得钻井的权利。

即使在开始钻井之前，尽管地主可能潜心谈判，但是，油公司常常想把地球物理全体员工送去勘查前景。在这种选择条件下，如果找到可钻的前景区，油公司一般以固定价格购买勘探和租地的权利。地主一般要求按每个炮眼付酬金。

尽管有时候包括两种不同的所有权，一种是地面权利，一种是地下采矿权利，但地主经常拥有在其管辖地表以下的采矿权利。当土地的地面分成几块给予或卖给几个公司时情况变得更复杂。所以，租地人可能尽力勘查以寻求不仅批准开矿而且批准拥有地面权利的合适所有者。

如果远景区在政府拥有的土地上某一公共区怎么办？这是美国的一个案例，测试和出租的专业权可以不遭受来自1920年出台的矿产土地租赁法管制下的美国土地管理局（BLM）的危险。BLM是这些土地上的内部管理操作部门的分代理处，其他内部办事处，矿产管理服务提供类似的海上功能。

无论哪种情况——私有土地还是公用区，在开发工作开始以前，作业者必须得到经过测试的土地资格或者与地主议定让作业者在该土地上进行勘探测试和钻井作业的合同。作业者还要取得生产、销售和输送油气或该所有土地上可能发现的其他矿产的权利。而且作业者设法得到邻近土地所有权。有关更多信息将在下面章节油田开发中讲到。总之，油田在可能开发之前，钻井公司介入打一口测试井，这就是下一阶段要进行的作业。

4.2　钻井作业

地质学家和地球物理学家分析地质图和地震剖面后，确定了他们认为有前景的地层所在位置。如果这是全新前景区，就要钻野猫井——这样命名是因为前景区位于只有野猫和猫头鹰夜游的遥远偏僻地区。钻这种井风险很大，找到有商业价值的油藏的机会很少。

其他类型的钻井称为开发钻井。对于开发钻井，在钻井之前，一般很少或没有做地球物理勘探，得到将近完成的生产井动态就可以知道更多关于地下构造的情况。

表 4.1 为 Gray 能源公司 1 号井钻井时间分析表。

开发钻井的风险远远小于勘探或预探钻井。尽管这两种钻井作业相同，但为了解更多地下信息，一般没有必要进行地球物理勘探，也不需进行试井，开发井比探井费用低。其他重要不同之处在于探井钻井作业中必须采取一些昂贵的预防措施，而开发井钻井作业中不需要。

表 4.1　Gray 能源公司 1 号钻井时间分析

项　　目	时间（d）	占总时间的百分比（%）
迁入和装配钻井设备	2.5	6.3
开钻	20.6	52.3
修理停工	0.7	1.9
地层评价		
测井	0.6	1.7
取心	1.1	2.7
钻杆测试	0.8	1.9
打捞井下落物	0.9	2.2
注水泥	1.5	3.8
水泥候凝	1.7	4.2
搅拌钻井液	2.4	6.1
完井	5.0	12.8
得出结论	0.5	1.3
其他	1.1	2.8
合计	39.4	100.0

注：总深度为 9550ft；钻井起始日期为 1988 年 3 月 26 日；完井日期为 1988 年 6 月 20 日。

对于大型公司，钻井部门通常是生产系统的一部分。每个作业区有一个或多个钻井队长管理公司和承包钻井业务。高层管理人员、钻井总监和责任工程师可以解决生产管理人员的问题。有些大公司没有钻井总监，但有钻井责任工程师直接向既负责生产又负责钻井作业的生产总监汇报。

独立的钻井承包者组织机构较简单，因为承包者除了钻井，没有任何其他业务。井口工具推销者向管理给定地区所有钻具的承包钻井总监汇报。承包工具推销者也可直接向钻井作业队长汇报。钻井总监依次向总公司的副经理或经理汇报。尽管一些承包者设置了辅助人员分公司，但工程事务员一般安排在总公司。

自由世界所有井的90%以上都是以两种作业——公司内部或承包作业形式由独立承包者钻成的。原因很多，主要有：

（1）独立承包者，业务只是钻井，一般可比生产公司较经济地完成这项工作。

（2）大多数公司只能钻给定区域的一些井，如果他们不得不把钻井设备从一个地区运输到另一个地区，那么就要承担巨额运输费用。

（3）像钻井设备一样，工作人员也不得不从一个地区迁移到另一个地区，这意味着增加工资和总开销。

（4）公司钻井设备必须按顺序连续钻井，而承包钻机可以间断。所有这些原因都有助于对独立钻井承包者的普及。

当一个公司雇佣独立钻井承包人时，要拟定正规书面协议或钻井合同。该合同规定钻井承包人和作业者的职责和义务。职责或多或少，由雇佣者确定。虽然，像任何合同一样，只要双方同意，任何条款都可以包括其中。但是，这些年来，已提出了三种标准形式的合同：包进尺钻井合同；按日付酬合同；总承包合同。这些合同均规定了承包人负责的钻井费用的计算方法。

包进尺钻井合同是应用最广泛的一种。承包人同意按照每英尺钻井进尺的钱款把井钻到一定深度。尽管承包人按进尺得到付款，但通常按钻至需要的深度而定。如果某种不是因作业者的错误而阻止钻井，那么，承包人一般无权得到所钻进尺的报酬。有些类型的工作如取心、测井、试井和下套管，被认为是额外的工作，作业者通常按日付酬给承包人的这些服务项目。

总承包合同越来越普及，承包者的钻机装备、人员以及钻井需要的所有设备和材料，包括测井和地层测试设备、钻井液，有时甚至包括套管和采油装置，作业者负责支付这些工作报酬。承包人在任何报酬付清之前，必须交付合适的完井或合适的封堵干井。该合同比较合适，因为它给钻井承包人提供了较大的获得经济有效钻井的适应性。但由于增加了承包人的风险，所以，这种合同的费用比按日付酬合同或包进尺钻井合同的高。中东广泛使用的合同是承包人的费用为按日计酬合同基本算法加上作为奖励的按进尺计算的利润余额。大家认为这样对双方都是公平的。

当合同选定后，所有租赁人签字，得到地区、州和联邦政府机构正式执照后，就可以开始钻井，下一步工作是油田开发。

4.3 油 田 开 发

一旦钻成一口有商业价值的生产井，探明一个油田的存在后，注意力就会转向确定油田究竟有多大。必须确定生产区域，探明产油多的层段。

当某已知区域被选定为生产区块后，作业者在这个区块内开始部署开发方案，这个方案可防止他的财产从周围作业区流失，并能为业主提供最大的经济收益。要做到这一点，作业者的一个办法是确定地主已经准备尽可能多出租相邻土地所有权，一般来说很多作业者为争夺采油权都各自占有某个油田的一部分。因此，未开发区的原始井位由地界线决定，也受地质构造影响，保护这些地界线是最重要的。有关这方面的更多信息在这里予以简略。

即使可得到专业地质建议，但早期油田开发是不确定的。如果大量作业者互相竞争，更加快了钻井开发早期生产的速度，而不是保证油井数据精确有助于联系和解释地质构造。许多作业者认为他们的钻井记录是机密资料，这样作业者很难确定构造和地层的关系即部署开发方案的基础资料。

部署开发方案时，要记住几个非常重要的特征。我们在第 3 章讨论了水驱和气驱的重要性（图 4.1）。

当完全利用油藏天然能量时，生产更加经济有效。早期的油井由于经过地层高压和长时间生产，所以它们的原始和最终产量比后来的钻井高得多。连续开采几个月意味着最终开采量损失相当大。

开采时间性的另一个重要方面在于比邻近土地获得更多的油，最先把土地全部用于开发的作业者可能比邻居得到的油更多。油气在地界线处运移不会停止，它们向最近的井流动。理论上，钻得最早的井具有更高的最终产量，如果在产油层段最佳位置完井，原始产量也较高，因为开发早期地层压力较高。所以"早投产、早收益"的策略是个重要的因素，全部归结起来就是一个时间性问题。

综合第一口井的钻井资料与以前的资料（钻井记录、地质图以及压力和产量数据）确定油田范围，评价它的可采油气储量，然后提出开发方案，考虑需要的总井数、井间间隔或距离以及布井几何图样。

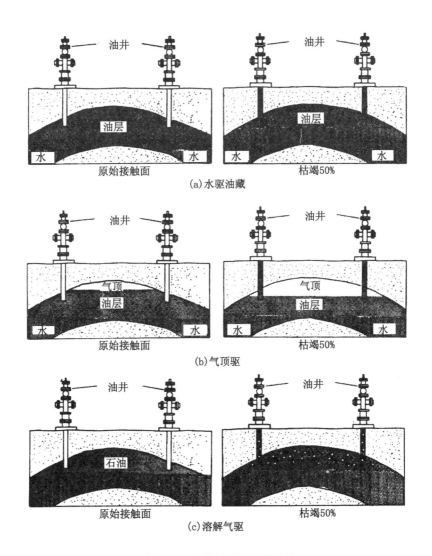

图 4.1 油藏的三种驱替类型

4.3.1 井数估算

一般来说，作业者想以最少的投入尽可能开发最大的区块，不需承担定井位超出累计钻干井限度的风险。但必须考虑井的生产能力，钻补充井确定产生最大收益率的理想井数的费用与之相当。为了作出决定，有经验的石油工程师综合应用经济原理和技术才能研究最佳开发方案。

为了降低风险，第二口井一般是扩边井，距离第一口井仅一步之遥，并非很长距离。油藏工程师结合地质和钻井资料确定，也可由发现井进一步开发最有利的原始井得到的资料确定。构造类型和圈闭或褶皱的大小范围是确定第二、第三以及后来的试验井位及它们与第一口井的间隔距离时要重点考虑的问题。

4.3.2 井距

布井时通常按照某些几何排列，很多时候根据井距和边缘井排列图可以确定试验井组内的井位，特别是假如所有土地面积较小时，更是如此。大区块的科学井距和排列的机会比小区块的多一些。

如果构造为发育良好的背斜或穹隆，产油区边界的勘探，首先可通过在沿构造长轴的两个方向钻井，井位尽可能靠近背斜脊，其次，沿与构造长轴成直角的一条线布井来完成。井位交替定在背斜脊的两边，探测到侧翼，直到遇到边水（产层周围的水）为止或井产量小到无利润时为止。

井距并非是容易决定的问题，在做决定之前，应慎重考虑每种情况下的物理和经济条件。钻井的昂贵代价应与采用最经济的井组合方式所获得的利益相当。作业者希望确定的需要井数可以产生最大的利益。因为有很多复杂的变化情况，所以，常常处于不断摸索状态（图4.2）。

图4.2　由于早期未制定井距指南，在Spindletop地区就从一台钻机到另一台钻机进行步测确定井距

4.3.3　井网

布井时通常按照某些几何排列，很多时候井距和边缘井排列可以确定试验井组内的井位，特别是假如所拥有的土地面积较小时，更是如此（图4.3）。大区块的科学井距和排列的机会比小区块的多一些。

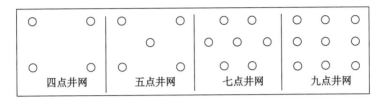

四点井网　　　　五点井网　　　　七点井网　　　　九点井网

图 4.3　一些典型井网

实际上，井距就是以某个均匀距离分散钻井。原始井网完成后，在某层段的原有井距以设计的井距钻加密井形成最经济的井网。这种方案有三个优点：

（1）原始产量比应用常规井距方案的高。

（2）宽井距井产量稳定性比密井距井好。

（3）在获得更多信息之前，决定的最终井距维持不变。

当然，明显的缺点是钻干井的风险，在做决定之前，所有这样的风险都必须进行权衡。原油性质一般根据几个方案之一进行研究。常用方法是从探明区域到未探明区域钻井排。当作业者不能确定整个区域地下是否产油时，这个方案可极大限度地避免钻干井的风险。它还提供了在下一个地区钻井之前新区构造和地下地质条件安全信息的可能影响。这与从作为中心的采油试验井逐步向外钻井的方案相类似。

美国一般原则是每40英亩1口井，加拿大井距稍微稀一些。中东单井产能高，典型井距可宽达640acre，完全取决于政府及其独特的管理制度。

井数、井距和布井法选定后，就开始钻井。钻井过程中，每区块上的井按钻井顺序进行编号。大公司有时参照井位进行编号，不考虑钻井顺序。这种编号的优点是可以立即判断井所在地区，缺点是很难知道该井的钻井时间。

4.3.4　其他问题

部署开发方案时，还存在一些其他问题：

（1）油藏驱动方式；

（2）生产速度控制；

（3）必需的地面设备安装；

（4）公用事业与运输工具；

（5）市场输出和价值；

（6）政府管理制度。

这些问题在总体部署中都必须考虑。

前面讨论了三种驱替类型：水驱、溶解气驱和气顶驱。这些取决于油藏容量和钻井深度，也可能存在没有钻到最大产能层的井。如果不能采用天然能量开采油藏，那么必须采用某种举升设备或采油泵来开采石油，这是一种额外的费用。因此，了解驱替类型至关重要。

控制采油速度也很重要，有时也会影响到有效开采。就作业者方面而言，只有通过仔细慎重操作才能完成（图 4.4）。经验证明，满足有效原油开采的最重要因素之一是控制开采速度。过高的速度导致油藏压力快速下降，溶解气过早释放，气或水驱前缘不规则运动，气和水耗散，油被捕集和绕过，在极端情况下，导致整个溶解气驱开采无效。这些影响因素中的每一个都是由于过高的采油速度引起的，从而降低了原油最终采收率。一般来说，作业者认识到，通过控制驱替机理来提高原油最终采收率的最有效的方法是限制采油速度。

开发方案中地面需要的设备也很重要（图 4.5）。打好井后就立即投入生产，这就需要储油罐、集油站和油气处理设备。尽管地面设备部分通常是逐步增加的，要与完井时的产能匹配，但是，在适应土地布局及其规模之前对地面设备的布置和设计要谨慎规划。

公用事业与运输工具是另一个要考虑的问题，如果所在地位于遥远地区，不得不修路，架设电线，为工作人员提供临时住房。如果输送的天然气与管道相隔很远，必须建一条管线或在油田有更大储罐时才能启用。

与此几乎相当的是市场输出和市场价值。这两个方面的考虑取决于时间性。在需要提供管道连接和协商销售合同时，每桶油价或每千立方英尺天然气（Mcf）价格会出现很大波动。确定前景区的潜力之前，钻

图 4.4　加利福尼亚克恩县 Lakeview Gusher Lakeview1# 井
（在 1910 年 3 月 10 日钻井时发生井喷，以高达 68000bbl/d 的速
度敞喷，直到 1911 年 9 月停止；停喷的原因显然是因为井底崩
落，承蒙克恩县博物馆授权）

井开支造成巨大的财务风险。金融机构一般不再为钻井贷款，因为有风
险，所以，很多作业者被迫采取保守的钻井计划，即用早期井的利润为
后续钻井提供资金。

　　在所考虑的所有问题中，最大的问题当然是常常变化的政府管理政

策。在美国，加拿大和大多数其他国家，政府机构、州或国家钻油井或气井的批准必须是确保安全可靠的。在很多地区，已制定了某个最小的井距要求，除非得到特别批准，否则作业者在获取需要的大面积租地之前不能钻井。

所有这些问题都影响油田开发。整个过程比架设钻机在地下钻一口井复杂得多。它是一项综合性的大工程，风险大，涉及边缘科学，只有所有这些工作有机结合在一起才能把油或气从地下采到地面。

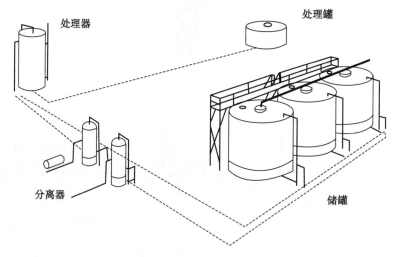

图 4.5　简化的地面设备布局

5 钻井设备与方法

钻井和生产方法的确不能分成两类。钻井和生产是不可分开的,因此,在我们研究如何评价地层之前,首先简单了解一下一些钻井基础知识。

5.1 钻机类型

陆上钻机最常用的类型是悬臂轻便钻机。它安装在地面上然后利用钻机绞车的动力提升系统将其提升到垂直位置(图5.1)。有时,这种钻机又称折叠式轻便钻机。

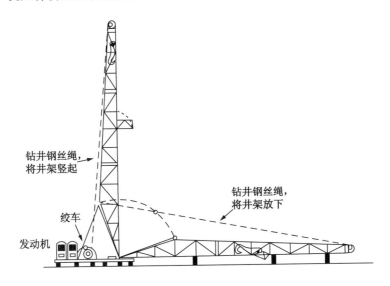

钻井钢丝绳,
将井架竖起

钻井钢丝绳,
将井架放下

绞车

发动机

图 5.1　用于旋转钻机上的悬臂轻便井架

安装这种钻机时,将由预制构件组成的外部结构与大型销钉连接在一起。钻井工将发动机和井架部件用销钉连接在一起。接下来,绞车和发动机安装到位。最后,井架组件水平放置并由提升绳、滑块和绞车设备提升起来。

海上钻井平台的功能相同,但它们的设计更复杂(图5.2)。在浅水

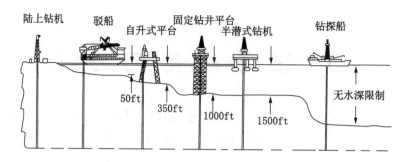

图 5.2　海上钻机类型

水域或沼泽地，则使用游艇。游艇是与折叠式井架装配在一起的吃水浅的平底钻井船。自升式钻井平台可在 350ft 水深条件下工作，这些钻机非常稳定因为它们被固定在海底，钻机导管架在海洋平静的时候慢慢牵引到位。然后，将井架的脚架通过插孔下降直到被搁在甲板下的海底时为止。将井架的脚架连续下降直到甲板被提升出水面（有时 60ft）且呈水平状态时为止。

然而，很多种海上钻探船中的固定钻井平台是通过长钢桩钉在海底的。这些平台非常稳定，实质上可认为是永久固定不动的（另一方面，用千斤顶将其举升可以随地搬运）。半潜式钻机也可以在水下 200 ~ 500m 深处工作，它们同样是稳定的但不固定。这些矩形漂浮钻机带有大量经垂直稳定化处理的支柱，他们支撑着与井架和有关设备装配在一起的甲板。但是，具有最大机动性并且几乎可在任何深度的水中工作的钻机是为深海钻井特别建造或改造的钻探船。动力定位仪利用带有调距螺旋桨的推进器使钻探船保持在井眼上方。

5.2　钻井方法

无论是陆上钻井还是海上钻井，成功的钻井系统都必须具有下列功能：（1）对岩层进行有效破碎或研磨以钻达油气层；（2）在钻井过程中排除井内钻屑；（3）防止井壁坍塌和出现水气锁现象。此外，井眼一般需要尽可能保持垂直，井深必须足以达到油层，井径大小必须足以使有关工具可以下入井眼中。

使用最广泛的两种钻井方法是绳式顿钻钻井和旋转钻井。虽然目前旋转钻井使用得更加频繁，但最早使用的钻井方法是绳式顿钻钻井。

5.2.1 绳式顿钻钻井

在绳式顿钻钻井法中，通过把钢丝绳或电缆下入井眼中完成钻井。在钢丝绳的一端有一称为钻头的凿形重块。地面对钢线绳施加上下运动力，这种钢丝绳冲击式作用使地层岩石裂成小碎块（图 5.3）。

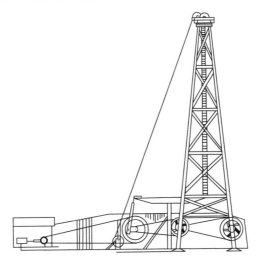

图 5.3　绳式顿钻钻井钻机

重几百磅的钻头连续下降到钻出的井眼中几英尺时为止。这时，钢丝绳通过地面绞车上升，而钻头移动。然后，把捞砂筒（带一个单向挡板阀的金属管）下入井下称为捞砂绳的钢丝绳另一端。钻头破碎的岩屑汇集到捞砂筒中，从井眼中移除，这样钻井才可能再继续下去。

在绳式顿钻钻井法中，井眼中没有大量流体循环，一般来说，井眼中流体仅来自从地层不断渗入井内的流体。尽管少量的水是理想的，然而，如果地层中没有水渗出，则要往井下加少量水。

绳式顿钻钻井法的最大优点之一是它有助于快速识别产油层和产气层。这种方法对某些水基钻井液敏感的地层钻井也适用。在有些地层中，钻井液中的水和岩石中的黏土之间存在化学反应，导致油气流速下降。利用绳式顿钻钻井法可最大限度减少这个问题，因为所用的水量小。

虽然利用绳式顿钻钻井是一个缓慢的过程，对于类似的地层钻井速度常常仅为旋转钻井的十分之一。但是，采用这种钻井方法的钻井的费用比旋转钻井的低得多，这就补偿了它钻井速度慢的缺点。

绳式顿钻钻井法的一个明显缺点是钻遇高压油气层时，井眼中没有流体控制油气层，导致频繁发生井喷。发生井喷时，地层中的油和气急速喷出，流速无法控制。井喷可使油和气向空气中喷射数百英尺，并且始终存在极大的火灾危险。

因为钻井速度慢和井喷危害，所以绳式顿钻钻井法很少用于井深超过 3000ft 的钻井。即使是浅井，这种方法也在很大程度上被旋转钻井法取代。

5.2.2　旋转钻井

旋转钻井法与绳式顿钻钻井法完全不同。在旋转钻井法中，用于破碎地层的钻头和钻杆相连。钻头下到井眼底部，钻杆从地面借助转盘转动，将一根正方形或六边形管件（称为方钻杆）从钻盘中下入，方钻杆在地面通过转盘与钻杆连接。转盘的转动作用于方钻杆上，方钻杆依次转动钻杆和钻头。

进行常规钻井时，将一根钻杆与另一根钻杆连接在一起，由 3 根钻杆组成一个钻杆立柱，其长度一般为 30 ~ 45ft。钻井连续进行直到钻头必须更换（钻头磨损或不太适合用所用钻头钻特殊地层时）为止。更换钻头又称为起下钻具。起下钻具的完整过程就是从井眼中取出钻头并更换钻头，然后下入井眼中继续钻井。

旋转钻井作业中使用的钻头主要有三种类型：刮刀钻头或鱼尾钻头、牙轮钻头、金刚石钻头。在钻井中用得最多的是牙轮钻头，它有很多不同的型式，可适应各种类型的地层。

钻机由很多部件组成，每个部件都有重要的作用。旋转钻机的主要部件有桅杆式井架、绞车、发动机、钻井液系统、钻杆柱（图 5.4）。桅杆或井架是置于井上用于帮助将钻杆从井口下入井眼中的钢制结构。绞车是提升设备，发动机带动钻井泵和绞车并为各种需要电力的设备提供动力。钻井液系统由钻井泵、钻井液罐、钻井液管线和循环水龙带（软管）组成。对钻杆柱采用整体旋转装配方式连接，由方钻杆、钻杆、钻铤和钻头组成。

井眼底部，岩屑即钻头切碎松散的地层碎片通过钻井液连续从井眼中携带至地面。钻井液在钻杆内向下循环，又在钻杆外向上循环至地面，这是钻井液的主要作用。但是，钻井液还有其他的重要作用：冷却和润滑钻头，在井壁上形成泥饼，使井眼更稳定；防止盐水、油和气流入井筒，有利于防止井喷。

5.3　钻　井　液

当然，采用绳式顿钻钻井方法，只有少量的水用作钻井液，但采用旋转钻井法，钻井液非常重要。

最常用的钻井液是普通淡水黏土悬浮液。这种黏土又称膨润土或凝胶以微粒分散形式混合结果形成较稳定均匀的混合物。常常必须把化学药品加入这种黏土与水的混合物中以改善它的性能。

大多数钻井液的一个重要部分是加重物质，加重物质中最常用的是重晶石。加重物质增加钻井液的密度，有助于压制油气或盐水高压井喷。为了消除某些钻井问题，需要使用专用黏土水泥浆。

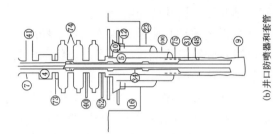

(b) 井口防喷器和套管

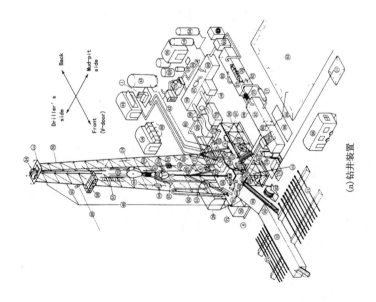

(a) 钻井装置

图 5.4 钻井装置示意图（113 个零部件）

1—储罐；2—A 形架；3—空气压缩机；4—环空防喷器；5—环状空间；6—基座；7—钟形导向短节；8—防喷器控制系统；9—钻头；10—井口；11—燃烧坑；12—套管挂装置；13—猫头；14—猫头绳；15—桥形通道；16—井口圆井；17—离心机；18—化学燃烧室；19—节流管线；20—节流管汇；21—节流管汇控制系统；22—配料；23—导管；24—天车；25—旋流除砂除泥器；26—死绳（闲置管线）；27—脱气装置；28—排放管线；29—高频高压电源屏蔽罩；30—绞车；31—钻铤；32—司钻控制台；33—钻绳（大绳）；34—钻杆；35—钻具箱；36—动力或水力装置；37—吊卡（升降机）；38—发动机；39—快绳；40—注入管线；41—出油管线；42—燃料管线；43—油箱；44—发电机组（小型发电装置）；45—安装用起重架；46—提升钢绳；47—吊钩；48—中间套管（技术套管）；49—方钻杆；50—方钻杆补心；51—水龙带；52—压井管线；53—梯子；54—管线导向绳；55—桅杆，桅杆式井架；56—桅杆提升钢丝绳；57—钻井液混合池；58—井架工操作台；59—小鼠洞；60—钻井液；61—钻井液—气体分离器；62—钻井液喷射枪（地下）；63—钻井液喷射枪（表面）；64—钻井液漏斗；65—钻井液管线；66—钻井液录井装置；67—钻井液搅拌器；68—配钻井液的设备；69—油脂箱；70—管架（底层）；71—管架，管排；72—（钻井液）压力表；73—防喷器控制管线；74—闸板式防喷器；75—生产管线；76—泵传动；77—配钻井液泵；78—钻井泵；79—冲压轮；80—送管滑道；81—鼠洞；82—备用钻绳；83—备用钻井液池；84—转盘传动；85—转盘；86—安全绳（危急时从井架上安全下滑装置）；87—砂粒（钻井液）沉降池；88—钻井液池；89—钻井液池喷嘴；90—钻井液振动筛；91—楼梯；92—立管；93—大块重晶石储存箱；94—钻井液储存箱；95—钻井液添加剂储存箱；96—井架底座；97—井架底座辅助结构；98—上水管；99—吸浆池；100—表层套管；101—旋转接头；102—旋转接头弹簧 103—吊钳，平衡块；104—主夹钳（卸开）；105—备用吊钳；106—工具房；107—游动滑车；108—钻井液补给罐；109—人行道；110—储水池；111—天车台；112—指重表；113—井口防喷器和套管

6 地层评价测井、取心和中途测试

直到现在，还没有一种仪器能最终指示地下存在的原油。地质学家和地球物理学家可以预测石油富集的最可能的地理位置及其可能发现石油的地质时代。但是只有钻探井，工程师们才可能深入研究所钻遇的地层。在钻探过程中，有必要运用大量的方法和仪器来确定钻遇岩层的位置并评价它们的商业价值。把这些技术的采用和解释称为地层评价技术。

根据是在钻探过程中采用或是在探井完钻或至少完成部分钻探工作后采用的技术，可对地层评价技术进行大致分类。第一类包括钻井液与岩屑分析录井、取心和岩心分析。第二类包括电缆测井、井壁取心、电缆地层测试和中途测试。

在现有的地层评价技术中，没有一种特别有效的技术，它们相得益彰。

6.1 录 井

录井就是用一系列图表来描绘井况。在地层评价中最常用的录井包括以下几种：

(1) 钻井液录井；

(2) 压力录井；

(3) 岩心录井；

(4) 电缆测井。

除了上述这些录井资料外，工程师们还采用另外两种录井——司钻记录和岩屑录井帮助确定地层特征。这些录井资料都是非常重要的记录，因为钻井实施全程监控（不只在钻进中断时进行录井），所以通常通过录井资料可看出具有潜力的地层。然后，用一种技术较先进、成本较高的测井曲线对初始观察记录实施校正，以评价地层的生产能力。下面介绍司钻记录和岩屑录井。

6.1.1　司钻记录

　　司钻是要承担每 8 ～ 12h 一班（称作倒班）的工作，并在当班时对钻机和班组成员的工作负责的人。每个司钻都要准备一个司钻记录本，记录在他当班时的钻井作业情况和钻井进度（图 6.1）。司钻记录还包含

<table>
<tr><td colspan="4" align="center">Specimen录井记录
司钻记录</td></tr>
<tr><td colspan="3">Coalinga油田
78号井的录井记录
井位坐标：27、19、15区块东南角740′N和2905′W
海拔为1178ft
开钻时间：1913年10月29日，该井已完钻</td><td>（正面）
加利福尼亚油田有限公司
（加利福尼亚壳牌公司）</td></tr>
<tr><th>起始深度
(ft)</th><th>终止深度
(ft)</th><th>完钻
(ft)</th><th>岩性描述</th></tr>
<tr><td>0</td><td>10</td><td>10</td><td>褐色冲击黏土</td></tr>
<tr><td>10</td><td>25</td><td>15</td><td>褐色砂岩</td></tr>
<tr><td>25</td><td>55</td><td>30</td><td>黄色黏土</td></tr>
<tr><td>55</td><td>65</td><td>10</td><td>粗粒灰色砂岩</td></tr>
<tr><td>65</td><td>98</td><td>33</td><td>黑色砂石层</td></tr>
<tr><td>98</td><td>125</td><td>27</td><td>褐色砂岩</td></tr>
<tr><td>125</td><td>185</td><td>60</td><td>蓝色砂质页岩</td></tr>
<tr><td>185</td><td>210</td><td>25</td><td>浅蓝色页岩</td></tr>
<tr><td>210</td><td>245</td><td>35</td><td>粗粒灰色砂岩</td></tr>
<tr><td>245</td><td>315</td><td>20</td><td>浅蓝色页岩</td></tr>
<tr><td>315</td><td>317</td><td>2</td><td>褐色页岩</td></tr>
<tr><td>317</td><td>330</td><td>13</td><td>蓝色页岩</td></tr>
<tr><td>330</td><td>390</td><td>60</td><td>蓝色砂质页岩</td></tr>
<tr><td>390</td><td>404</td><td>14</td><td>细粒灰色砂岩</td></tr>
<tr><td>404</td><td>440</td><td>36</td><td>浅绿色页岩</td></tr>
<tr><td>440</td><td>450</td><td>10</td><td>灰色页岩</td></tr>
<tr><td>450</td><td>478</td><td>28</td><td>粗粒灰色砂岩和砾石层</td></tr>
<tr><td>478</td><td>497</td><td>19</td><td>灰色砂质页岩</td></tr>
<tr><td>497</td><td>510</td><td>13</td><td>粗粒灰色砂岩</td></tr>
<tr><td>510</td><td>535</td><td>25</td><td>蓝色砂质页岩</td></tr>
<tr><td>535</td><td>580</td><td>45</td><td>蓝色页岩</td></tr>
<tr><td>580</td><td>640</td><td>60</td><td>蓝色砂质页岩</td></tr>
<tr><td>640</td><td>690</td><td>50</td><td>灰色砂岩，见焦油砂显示</td></tr>
<tr><td>690</td><td>705</td><td>15</td><td>蓝色页岩</td></tr>
<tr><td>705</td><td>715</td><td>10</td><td>蓝色砂质页岩</td></tr>
<tr><td>715</td><td>723</td><td>8</td><td>灰色砂岩，见焦油砂显示</td></tr>
<tr><td>723</td><td>733</td><td>10</td><td>细粒坚硬灰色砂岩</td></tr>
<tr><td>733</td><td>740</td><td>7</td><td>坚硬砂岩</td></tr>
<tr><td>740</td><td>753</td><td>13</td><td>灰色砂岩，见焦油砂显示</td></tr>
<tr><td>753</td><td>757</td><td>4</td><td>蓝色砂质页岩</td></tr>
<tr><td>757</td><td>785</td><td>28</td><td>松软灰色砂岩</td></tr>
<tr><td>785</td><td>796</td><td>11</td><td>蓝色页岩</td></tr>
<tr><td>796</td><td>797</td><td>1</td><td>坚硬砂岩</td></tr>
<tr><td>797</td><td>805</td><td>9</td><td>松软砂岩和砾石交互层</td></tr>
<tr><td>805</td><td>806</td><td>1</td><td>坚硬砂岩</td></tr>
<tr><td>806</td><td>870</td><td>64</td><td>蓝色黏滑性页岩</td></tr>
<tr><td>870</td><td>905</td><td>35</td><td>灰色细砂岩</td></tr>
<tr><td>905</td><td>920</td><td>15</td><td>白色砂岩</td></tr>
<tr><td>920</td><td>965</td><td>45</td><td>灰色软砂岩</td></tr>
<tr><td>965</td><td>985</td><td>20</td><td>蓝色砂质页岩</td></tr>
<tr><td>985</td><td>1005</td><td>20</td><td>黑色砂质页岩</td></tr>
<tr><td>1005</td><td>1055</td><td>50</td><td>灰色细粒软砂岩</td></tr>
<tr><td>1055</td><td>1092</td><td>37</td><td>灰色坚硬粗砂岩</td></tr>
<tr><td>1092</td><td>1104</td><td>12</td><td>黑色黏滑性页岩</td></tr>
<tr><td>1104</td><td>1129</td><td>25</td><td>浅蓝色黏滑性页岩</td></tr>
<tr><td>1129</td><td>1140</td><td>11</td><td>浅灰色页岩</td></tr>
<tr><td>1140</td><td>1214</td><td>74</td><td>绿色黏滑页岩（在1214ft处用12¹/₄in套管固井）</td></tr>
<tr><td>1214</td><td>1233</td><td>18</td><td>绿色黏滑性页岩</td></tr>
<tr><td>1232</td><td>1280</td><td>48</td><td>浅绿色页岩</td></tr>
<tr><td>1280</td><td>1295</td><td>15</td><td>浅蓝色页岩</td></tr>
<tr><td>1295</td><td>1305</td><td>10</td><td>浅灰色页岩</td></tr>
<tr><td>1305</td><td>1330</td><td>25</td><td>蓝色黏滑性页岩</td></tr>
<tr><td>1330</td><td>1348</td><td>18</td><td>坚硬灰色油砂</td></tr>
<tr><td>1348</td><td>1363</td><td>15</td><td>细粒灰色砂岩</td></tr>
<tr><td>1363</td><td>1380</td><td>17</td><td>坚硬灰色砂岩，无油显示</td></tr>
<tr><td>1380</td><td>1393</td><td>13</td><td>松软灰色油砂</td></tr>
<tr><td>1393</td><td>1410</td><td>17</td><td>坚硬灰色砂岩</td></tr>
<tr><td>1410</td><td>1421</td><td>11</td><td>黑色砂质页岩</td></tr>
<tr><td>1421</td><td>1423</td><td>2</td><td>坚硬砂岩</td></tr>
<tr><td>1423</td><td>1440</td><td>17</td><td>黑色细砂岩</td></tr>
<tr><td>1440</td><td>1445</td><td>5</td><td>坚硬砂岩</td></tr>
<tr><td>1445</td><td>1470</td><td>25</td><td>暗灰色细砂岩</td></tr>
<tr><td>1470</td><td>1493</td><td>23</td><td>蓝色砂质页岩（在1626ft处用10in套管固井）</td></tr>
<tr><td>1493</td><td>1495</td><td>2</td><td>坚硬砂岩</td></tr>
<tr><td>1495</td><td>1500</td><td>5</td><td>砂质岩，见油气显示</td></tr>
<tr><td>1500</td><td>1510</td><td>10</td><td>灰色细砂岩，见油显示</td></tr>
<tr><td>1510</td><td>1525</td><td>15</td><td>浅蓝色页岩</td></tr>
<tr><td>1525</td><td>1587</td><td>62</td><td>灰色砂岩，见油气显示</td></tr>
<tr><td>1587</td><td>1598</td><td>11</td><td>黑色砂质页岩</td></tr>
<tr><td>1598</td><td>1606</td><td>10</td><td>灰色坚硬细砂岩</td></tr>
<tr><td>1608</td><td>1620</td><td>12</td><td>黑色细砂岩</td></tr>
<tr><td>1620</td><td>1629</td><td>9</td><td>致密黑色页岩</td></tr>
</table>

图 6.1　司钻记录实例（1in=2.54cm）

了每口井的地层地质情况的描述和钻井机械设备状况。另外可能还包括是否钻遇流体或是否观察到油气显示。

司钻除做司钻记录外，还附带做钻时记录。通常是在接近某一特殊井段时作此类记录。钻探者对所钻井的可能含油气层段的区域情况了解甚少时，就可能会连续作此类记录。钻速是个很重要的参数，因为含油气地层一般比较软，所以含油气地层的钻速比在其上、下坚硬地层的钻速快。钻进放空或者钻速发生变化，有时甚至是显著变化；而不含油气层段的钻速变化幅度很小。

6.1.2　岩屑录井

当钻头穿过土壤并钻入岩层时，钻头切削出岩屑——破碎的岩石碎片。岩屑随钻井液携带上返至地面。如果岩屑录井完整，并经过有经验的地质学家予以解释，通过这些岩屑，可以获得有关地层的重要信息。

对于探井来说，一般是在全井按一定规律间隔取岩屑样；而对于油田开发井来说，大范围的取岩屑样没有必要，只需对目的层取岩屑样。

在旋转钻井时，岩屑随钻井液上返至井口，部分钻井液分流到样品箱。钻井液的流速较慢，岩屑过滤沉至样品箱底。勘探目的层的岩屑样品要加以清洗和挑选，然后将其放至样品袋中并作标记——留待地质学家进行研究。

在采集岩屑样品时一定要小心。如果记录的钻时不准，与相应的地层深度不匹配，就会漏掉地层。由于岩屑从井底上返至地面要花费一定的时间，所以也存在一个滞后时间的误差。对于探井来说，滞后时间差通常以小时计，所以样品采集者在记录和给岩屑样品贴标签时必须保证准确无误。

岩屑样品能说明什么呢？大概有以下几方面：

（1）岩石类型（如砂岩、泥岩和灰岩等）；

（2）钻遇的地层；

（3）岩石的地质年代；

（4）钻遇地层的井深；

（5）孔隙度、渗透率和石油含量等参数。

以上资料，加上司钻记录是在钻探时最易获得的信息。除了上述方法外，还可以要求录井专业人员进行特殊的录井，包括钻井液录井、压力录井、岩心录井和电缆测井。

6.1.3　钻井液录井

　　钻井液录井是为发现油气迹象而对钻井液和岩屑实施连续监控。在某种程度上，钻井液录井可看做是取心和中途测试的前奏，也可作为对出现作业失控或井喷等危险情况实施早期监控的一项辅助性的安全监测手段。钻井液录井主要也是观察、分析和描述岩屑的一种方法。

　　一般来说，承包者利用小型实验室分析钻井液，得出油气含量。技术员（通常是地质学工作者）管理实验室，为实施录井做准备，并为作业者提供钻井进度的实时信息。如果测试到油气显示，钻井人员和技术员就得知道可能已钻遇含油气层。

　　岩屑录井和钻井液录井两者的不同之处在哪里呢？岩屑录井是地质学者经分析岩屑样品后所做的记录；钻井液录井是在连续分析钻井液特性的基础上，根据流体中油气显示的细微迹象而对岩屑录井的一种补充。

　　一般钻井液录井资料有两种用途：最基本的用途是用以评价地层，以便确定正在钻进的井下套管、取心、测试的位置或后续的地层评价。如果录井、钻井的目的在于此，那么所记录的井就不会出现中断；如果钻速猛然升高或者有说明可能钻遇油层的其他现象出现，如气体总含量增加和（或）发现重质气体显示等，那么就会停钻。

　　第二种情况，当钻进约 10 ～ 15ft 时停钻，停钻处的岩屑上返至地面。如果未有任何发现，会在最短时间内重新开始钻井作业；但如果岩屑说明地层可能含油气，就要考虑取心和中途测试。下面将详细介绍取心和中途测试。

　　钻井液录井广泛应用于探井和遇到某些问题的油田开发井。他们可能是钻于地层资料缺乏地区的探井；也可能是钻于透镜状砂体褶皱和断裂区域，使得地层对比有困难的油田开发井；或者是预计将钻遇高压地层的井和位于电法测井解释很困难的地区的井。

　　通过钻井液录井可以获得以下几种信息：

　　（1）从钻井液中直接测得气态烃含量；

　　（2）通过钻井液的色谱分析结果可确定各种气态烃含量；

　　（3）由钻井岩屑得出可燃气体总量；

　　（4）由钻井液和岩屑得出油显示；

（5）详细的钻速曲线图；

（6）岩性录井图和岩性描述，含孔隙度估计值；

（7）钻井液特性；

（8）钻井作业的相关数据（例如起下钻杆柱和换钻头）；

（9）钻井数据，包括硬质合金信息、钻头偏移状况和其他相关工程方面的信息。

另外，钻井液录井技术还有很多优势：如获悉结果快；录井过程与钻井作业不冲突；此项录井可与司钻记录同步进行；可在地面连续采集详细的地下信息，并进行分析。

除了可以及时获得产层的油气显示外，参考钻井液录井资料可有效改进和调整钻井方案。钻井液录井已被证实是一项很重要的录井技术。

6.1.4 压力录井

压力录井就是利用计算机对某些钻井参数和数据进行实时分析。在井场，通过各种渠道采集到的信息始终受到计算机的监控，并由此形成对地层压力的持续预测。这项技术一般运用于探井或用于预测压力很困难的地区。

通过记录气显示、气显示强度及其特征并将这些参数与其他因素联系起来，然后再把所有因素与地层类型和岩屑尺寸的地质显示联系在一起，则可评价异常地层压力。压力是一项重要的参数，因为它与孔隙度有关。在某一特定深度显示高压的地层通常表明这段地层的孔隙度特别高。当埋藏深度增加时，上覆地层的压力也增加，因此压实岩体，得出孔隙度异常高这一结论。

在钻井过程中，用带有地面传感器的专业仪器监控井底压力。除了气体监控器外，还包含下列仪器或组件：

（1）钻井液密度、电阻率和温度的连续记录仪；

（2）体积密度和泥质因子测量仪；

（3）钻井液池液面监测器；

（4）分层钻井液流量监测仪；

（5）计算机的硬件和软件。

6.1.5　岩心录井

岩心录井是关于岩心分析以及岩心与深度对应关系的记录。岩心分析用于研究边缘井和探井及评价地层的生产能力。在油田开发过程中，岩心资料不仅可作为钻井作业者确定完井层位的依据，也可用于初步评价原油特性，还可为工程技术人员确定提高油田采收率的措施提供参考。优质的岩心资料，如孔隙度、渗透率和流体饱和度等对于制订合理的油藏开发方案和进行油层预测非常重要。后面将进一步介绍岩心录井以及如何在井中取心、如何进行岩心薄片分析。

6.1.6　电缆测井

专业公司记录和测量井下地层信息时，测取用电缆下入井中的仪器发出或追踪到的各种地层信号是电缆测井的一项主要作业（图 6.2）。通

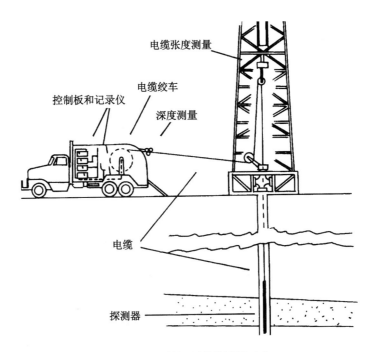

图 6.2　测井探测器的测量工艺

常称作电缆测井，电缆测井采集的数据对于地层评价很重要。

电缆测井是将探测器和电子线路芯片下入井中，然后以一定的速度将其上提，上提的速度取决于测量的要求。随着仪器在井筒中上移，通过电缆的缆芯将连续的测量信号传回地面。这些原始数组经控制板处理后，以合适的记录井格式由光纤记录仪在胶卷上记录下来。

尽管本书将几种测井归并为"综合测井"，但这些测井方法通常划分为电测井和放射性测井两种。下面介绍部分测井技术及其在地层评价中的应用。

6.1.6.1　电测井

电测井是如今广泛应用的一种测井技术，是将钻杆从井中起出后，通过绝缘电缆将测井仪器下入井中实施测井的一种技术。每种地层都有独特的电响应，油气的电响应也不同于水的电响应。电测井测量地层和地层流体的电特性，所以经恰当的地质解释后，测井资料可说明所测地层是否含油气以及地层的岩性（砂岩、灰岩或泥岩）。

电测井也称作裸眼测井，因为在套管井中不能实施此项作业。套管会干扰地层的电响应。

测井是将几种信息以曲线的形式记录下来（图 6.3）。标准的电极测井应该是记录两条曲线。左边一条为自然电位（SP）曲线；右边一条为电阻率测量曲线。每次测量可同时记录以下几种不同类型的测量。

自然电位测微伏电压，因为几乎所有的物质都不同程度地存在着自然电位差。电压与电位的关系好比压力与流体的关系：两种情况都以物质的流动势为表现形式。就电位而言，它是电子流动势或压力。

电阻率是物质阻碍电子流动的能力。它可看做是电导率的反义词。电导率指一种物质导电或引导电子流动的能力或性质。电阻率能为确定地层岩相和流体含量提供重要线索。

所以地层的自然电位和电阻率都可为地质师和工程师确定地层的生产潜力提供重要线索。

电测井设备有多种型号和配置。侧向测井通过适当的电极排列和自动控制系统迫使电流放射状地穿透一定厚度的地层。测量值不受井中钻井液的影响。微电阻率测井是利用安装在塑胶垫表面上的彼此间距较小的电极实施的电阻率测井。绝缘垫贴在井壁上，以避免钻井液引起短路。这种测井仪测量塑胶垫前面的一小块区域，这部分对记录井径和泥

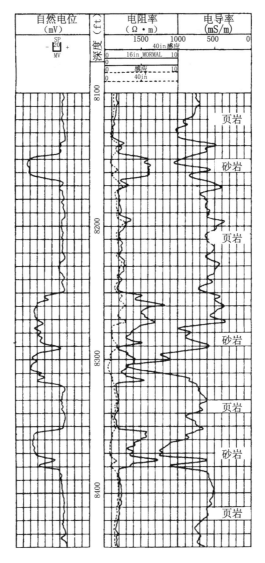

图 6.3 电测井图（注意左边的自然电位测量曲线和右
边的电阻率测量曲线）

饼的存在与否很有用。电阻率测井仪有一个中心电极，周围环绕三个环
形电极。电流通过电极，测量并记录电阻率值。

　　本文仅对电测井作业简要地介绍。目前应用到的还有其他设备，但
本文所介绍的电测井方法人们更熟悉一些。测井服务公司要想具有竞争
力，就得不断研发能获得更好更精确地层及其所含流体性质信息的新仪

器。

6.1.6.2 放射性测井

电测井必须在裸眼井中实施以避免电穿过钢套管时出现短路。但是放射性测井既可在裸眼井中进行也可在套管井中进行。

完整的放射性测井记录有两条曲线：伽马射线曲线和中子曲线（图6.4）。伽马曲线位于左侧，与 SP 曲线很相似。中子曲线位于右侧，与电阻率曲线很相似。这两条曲线可以反映井中自然存在的和人工发射的射线强度。

伽马射线测井仪一般由注满高压惰性气体的电离室组成。从岩层中发射出来的伽马射线穿透电离室。一些射线与气体原子相撞，把电离子从气体的束缚中解放出来，因此产生了在地面放大了的电流，电流强度及其相应的深度被记录下来。电流的强度与伽马射线的强度有直接关系。

由于伽马射线曲线（或称伽马射线测井曲线）记录的是地层的放射性能量，所以放射强度随岩石类型的变化而变化。泥岩的放射性能量最大，在测井图上表现为曲线向右偏移。火成岩的放射性比沉积岩的放射性强，采用放射性测井更易识别。

中子测井可通过移动放射源的方法实施测量，放射源沿井筒发射高能中子，放射源与辐射探测器保持固定距离。放射源发射中子恒流轰击岩层，探测器就记录下伽马射线的强度变化。记录曲线就是岩层中所含流体的测量结果。

将中子以极高的速度从各个方向均匀地发射到井中，当中子释放出来时，它们四处逸散，由于相互碰撞而速度减小，最终被俘获。放射源与探测器的间隔距离取决于周围介质的特性，即在测井过程中，放射源与探测器的间隔距离不能小于中子扩散的范围。周围介质的氢含量越少，探测器的响应越强。

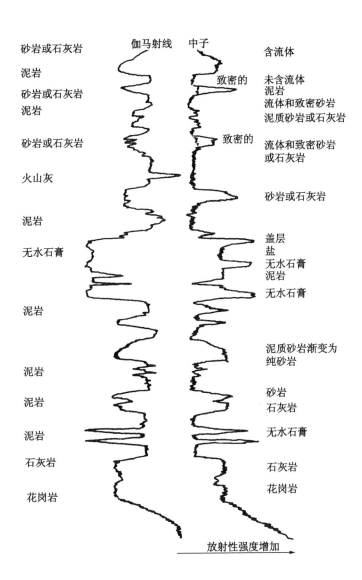

图 6.4 放射性测井

6.1.7　组合测井仪

还有许多比较有效的测井仪，本节仅列举其中较重要的几种测井仪。

声波测井是测量产生的超声波信号穿透钻井液并到达邻近地层的速度。超声波信号折射后，传播方向与井筒平行，然后被接收器俘获。信号穿透岩层的速度由测井仪测得，并在地面被记录下来。

声波测井可提供关于地层岩性方面的信息。因为不同的岩石显示出不同的声音传播速度，所以根据声波测井记录极易识别岩石类型。由于声音在油和气中的传播速度比在水中的传播速度慢，所以根据声音的传播时间可以估算出流体饱和度。

井径测井是测量、记录井径随深度的变化关系。该仪器由一系列张开后贴紧井壁的簧片组成（图 6.5）。仪器的中心杆与簧片的下端相连，簧片插入内有一线圈的插槽中。移动中心杆穿过线圈即产生电流，从而实现连续井径测量，并在地面记录测量结果。

温度测井是测量、记录井温度随深度的变化。温度测井资料可通过电子温度测井仪测得，也可通过配套的温度测井仪测得。温度测量所获得的信息显示出井中温度的变化。因为温度随深度的变化曲线一般都均衡，所以任何异常的或突然的变化都说明可能存在气体扩散或其他流体的运动，进而可预测出套管渗漏或漏失层或者甚至是含气层。

地层倾角测井（或倾角测井）是测量、记录不同深度地层倾角信息的测井方法。测井时利用高精度的测井仪测量和记录地层倾角以及地层倾斜方向。地层倾角测井仪对由微电阻率测井确定井眼轨迹偏移、绘制地下地层图以及确定在发现井和干井周围钻补充井的合适位置都很有用。

其他有用的测井技术还包括接箍定位测井、放射性跟踪测井、定向测井、水泥胶结测井和射孔测井等。而且还有很多新的测井技术不断地被研发出来。

初学者可能会认为通过测井得到的很多信息都是无用的。但是切记，含油气层埋藏在地下几千英尺处，通常难以直接将其探测出来，因此必须采用间接分析方法，而实际上操作过程中又存在着投资风险，所以必须谨慎地采集可能说明所钻井是否有生产潜能的所有可利用的信息。

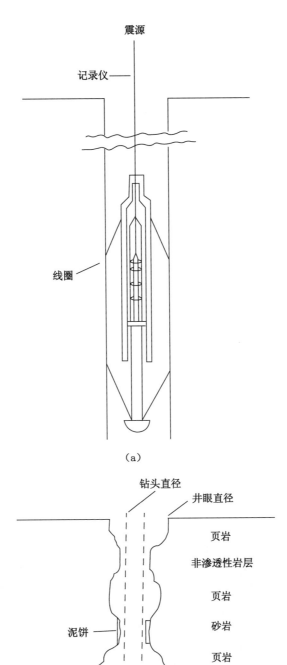

图 6.5   井径测井仪和一个典型的井眼，示出井径的变化

6.2 取 心

取心是最早采用的一种地层评价方式。虽然成本很高，但取心是获取地下岩层样品的最佳途径，在现场既可对岩心做详细的分析，还可将岩心送实验室做进一步的分析。

如果地质家根据岩屑分析得出所钻遇的某一岩层含油气，那么可能还需要更确切的信息来证实。而可获得此类信息的方法之一是利用岩心——大块的地层样品。取心的工序是：从井中起出钻柱，然后将取心钻头或井壁取心器下入井中才能进行取心作业。

有两种基本的取心作业方式：常规取心和井壁取心。下面分别介绍这两种方式，注意这两者各自的优势和不足。

6.2.1　常规取心

尽管取心工具有好几种，但金刚石取心工具因为其价廉物美，几乎是取心作业的专门工具。用取心钻头取心或者用绳索取心都可使用金刚石取心工具。金刚石取心工具切割岩心可靠、岩心收获率高且在井下作业耐用，这样可减少钻井时间，降低钻井成本。

取心钻头是一种中空的特殊钻头。钻进时，一部分岩心留在钻头中心未切削，这段岩心长度范围为 10 ~ 80ft，实际长度取决于所用取心筒的类型（图 6.6）。

绳索取心筒置于钻杆内，不必起出整个钻柱就可取心。但岩心一般较小（长 15ft，直径 1 ~ 2in）。要取大岩心，就要将常规取心筒置于钻

图 6.6　取心钻头和岩心样品

柱底部。当钻取足够长度的岩心后，必须从井中起出全部钻柱才能取出岩心。

　　从取心筒中取出岩心后，擦掉（而不是清洗掉）岩心表面的钻井液，然后测量其长度。除非有其他情况发生，如果采集的岩心长度不等于钻取岩心段的长度，那么缺失的岩心段通常认为已落至井底。然后作业者、地质学家或工程师对岩心进行初步分析以确定是否对岩心进行实验室分析。如果需要，就将岩心直接放入岩心盒中。盒子的一端标注岩心号和岩心盒号。盒子的侧面要画一个箭头，说明岩心在盒中的从上到下方向。有时，在盒子的侧面和底部还须标明取心深度信息（图6.7）。

　　在实验室，通过对岩心的分析测试，可确定所钻地层的孔隙度、渗透率、含水饱和度和含油饱和度。将这些信息与现场地质工作人员采集的信息，如地层倾角、裂缝、岩层的非均质性、斑块以及荧光的紫外线测试结果（在紫外线下，石油有荧光显示）等相结合，可以更好地说明地层的生产潜力。

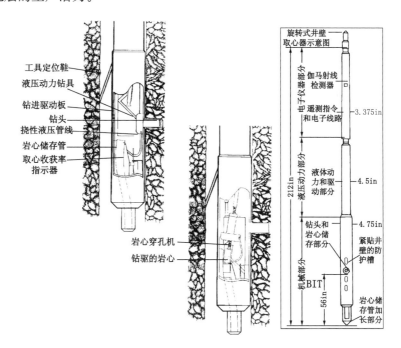

图6.7　旋转式井壁取心器简图（经HALLIBURTON测井服务公司许可）

6.2.2 井壁取心

井壁取心是一种辅助的取心方法，一般在常规取心方法得到的岩心收获率较低或钻进过程中未获得岩心样品的情况下采用。

正确的井壁取心方法是：将专用取心工具下入井中，在井壁钻取心后再将样品返至地面。这种样品很小，通常只有几英寸长，直径只有1in，因此井壁岩心样品比常规岩心样品的参考价值小一些。但是井壁取心成本较低，费时少。作业者应当权衡两种取心方法的优劣势，然后再做选择。

6.3 中途测试

如果采用上述方法得出的结论说明地层有资源潜力，就可实施中途测试。中途测试（DST）是一种临时完井作业，但井况与完井时类似。

中途测试期间，通过封隔器和阀门装置封隔有资源潜力的井段。通过这种隔离将地层流体导入钻杆，然后上返至地面。

中途测试既可在下套管井中实施，也可在裸眼井中实施。测试的主要目的是确定流体类型和流体的流速。

所有这些测试都有助于钻探者和工程师们确定是否已钻遇到含有工业价值测量气流的地层。如果在所钻井中没有发现油气，该井将被定义为"干井"而被关闭。相反，如果测试发现油气潜力，该井将实施完井（详见第7章）。

7 完 井

地层评价技术，例如测井、取心和中途测试等可确定钻井是否实施完井，投入商业开采。这些技术同样可用于确定含油气层的某些特征，而这些特征是说明是否要完井的最有力依据。一般来说，完井大体上可分为下套管完井、裸眼完井和泄油孔完井三类。这三大类中下套管完井的采用率占到90%。

下套管完井可细分为下面五种：

常规的射孔套管完井；永久性完井；多层位完井；防砂完井；防水和防气完井。

下面介绍这些不同完井方式各自的实施过程及其优点。

7.1 常规射孔套管完井

这种完井方法是把磁管柱导管从地面下至井底，或下至已确定含商业油气流的岩层底部。然后就地打水泥固结套管。通常，这种套管柱被称做油层套管，因为是它将油输送至地面。

将水泥注入套管固结油层，然后用水顶替进一个塞子（图7.1）。水泥送至套管底部后上返，并环绕套管柱外部——环形空间区域循环。随之下入刮塞，刮塞安装在套管内侧，因此，当塞子被水顶替时可刮掉套管壁上的水泥。塞子在近套管底部时受到套管鞋的阻挡。套管鞋使水泥保持在远离环形空间的位置。当水泥变硬后，套管便固结住了。

水泥的另一个作用是封隔含工业油气流地层上、下的含水层。注入水泥须测试其强度，在注入凝结后应达到设计强度。水泥凝结后达到设计的胶结强度所需的候凝时间取决于水泥混合液的成分、井底温度和压力。

为测验水泥固井状况，测井工程师要对注水泥井段实施水泥胶结测井。根据井眼尺寸和套管外径（OD）可推测水泥的顶部位置。有些井，尤其是浅井，可能需要从套管底部至井口全都注水泥。

常规的射孔完井技术的一个关键工艺是射孔作业。射孔，即在套管和水泥环上射开一个个孔，建立井筒和围岩之间的通道。

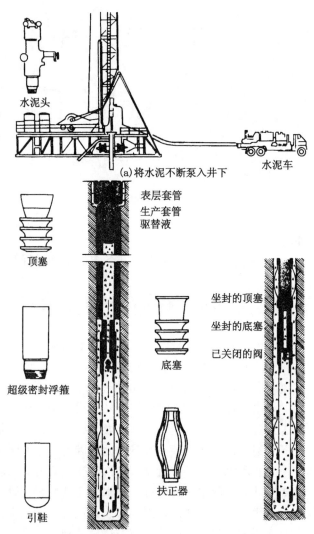

(a) 将水泥不断泵入井下

水泥头

水泥车

表层套管
生产套管
驱替液

顶塞

超级密封浮箍

引鞋

坐封的顶塞
坐封的底塞
已关闭的阀

底塞

扶正器

(b) 结束固井作业，注入的水泥留在井里并逐渐硬化

图 7.1　典型的固井作业

　　常用的射孔枪有两种类型。其中，子弹射孔枪是一种下入井中实施
射孔作业的多枪管射孔枪。将此射孔枪置于预定深度，通过地面控制电
子引爆。射穿套管、水泥环和岩层需要采用高速射孔弹。根据作业者的
要求，可选择一次射一颗子弹或射一组子弹。

　　另外一种广泛采用的射孔枪是聚能射孔器，也就是常说的喷枪

（图 7.2）。使用这种射孔枪作业是利用在喷嘴中的化学燃料形成的高速气流（速度约为 30000ft/s）喷射穿透套管和水泥环。这种高速气流喷射目标时产生的压力约为 $4 \times 10^6 lb/in^2$（$1lb/in^2=6.895kPa$）。

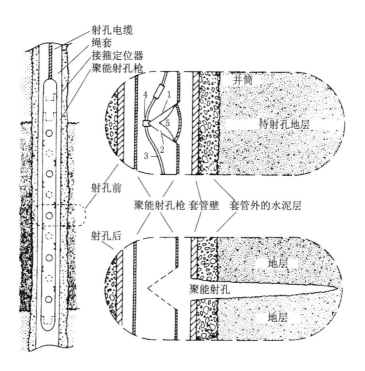

图 7.2　喷枪射孔作业简图
1—聚能射孔弹；2—支撑剂；3—导火器；4—爆炸器；5—盖板

　　常用的射孔器有两种，可回收射孔器和销毁式射孔器。可回收射孔器为类似于圆柱体的钢制传导管，射孔弹填装在传导管的前端。销毁式射孔器则是随着射孔枪的引爆而同时自爆，粉碎成极小颗料的物质。传导管一般由钢铁制成，但是填装射孔弹的盒子一般由铝、塑料或陶瓷制成。引爆聚能射孔弹后销毁式射孔器传导管也破裂了。

　　通常聚能射孔器射穿厚岩层和多级套管柱的能力比子弹射孔器更具优势，而子弹射孔器射穿软地层的能力可能相当于甚至优于聚能射孔器。

　　精确的深度测量对井中实施射孔作业至关重要。利用接箍定位器或连接定位器，结合放射性测井结果，可以精确地确定射孔作业的位置。实施射孔作业的层位是根据放射性测井结果确定的，而所有的深度测量值都是以套管接箍为基准的，通过装在射孔枪上的探测器确定射孔的位置。

一旦套管被射穿，产层与井筒是连通的，流体可以通过套管输导至地面。但是套管可能充满钻井液。如果出现这种情况必须先抽汲，然后再把油管下入井中的产层段。

抽汲作业中，用一根绳索将带有单流阀的橡胶塞下入油管中。向井中下入橡胶塞时，单流阀允许流体通过橡胶塞。但当从井中提出橡胶塞时，流体不能通过单球阀回流。这样当橡胶塞返至地面的同时，将所有的流体也携带至地面。

7.2 永久性完井

永久性完井技术是在井开采寿命期间下入油管且只安装一次井口生产装置的完井技术。所有的完井和修井作业都是将立体小直径仪器放置于油管内。射孔、抽汲、挤注水（封堵套管漏液），砾石充填（将砾石充填至井中），防止井壁坍塌或砂侵，以及其他的完井和修井作业在油管中进行。这种完井技术的优势是成本低。

现以挤注水泥作业举例说明。在挤注水泥作业过程中，在油管加长段系一根绳索，将油管加长段下入油管内近底端。在枯竭层实施完挤注水泥作业后，多余的水泥循环返至地面。从井中起出的油管加长段可继续用于其他作业，例如采用过油管射孔器沿井射向上射开一个新层位。

在常规的二次完井作业过程中，首先，必须向井中注入水泥，直到井筒压力衰竭，从井中起出油管，再将油管与水泥承转器一起下入井中作业，再将油管取出，下入射孔器，射开套管，再将油管下入并造井眼。而采用永久性完井作业就无需实施这些成本高的作业。但是永久性完井采用的仪器体积小，效率较低，这种作业失败的几率比采用正常尺寸的仪器实施常规完井的失败几率要大。

7.3 多层位完井

在某些地区，单井的产层不至于一个。多层位完井技术可命名两个或更多的产层同时投产。如果管理机构想分层开采，他们通常会对作业者提出要求。多层位完井技术的采用还可能是出于对油层（高压地层和低压地层）控制的需要。

　　双层完井是最常见的多层位完井形式（图7.3）。有时也可能实施三层或四层完井，但不常见。这种完井技术最明显的弱点是完井层位越多，技术越复杂，完井和维护层间隔离所需的井下设备和仪器的成本越高，尤其当需要对一层或多层采用人工升举（泵抽汲等）采油时，这个问题就更为突出。

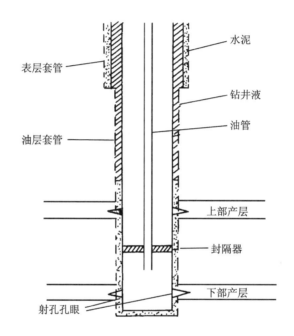

图7.3　双层完井示意图（采用这种完井方法，可以仅用
一个井筒钻穿两个产层）

　　在石油工业领域一直不怎么看好多层完井。通常人们更愿意削减为每个产层单独钻井所需的成本，而是错开处理完井之后所遇到的生产问题和修井问题。最初的经济做法不一定永远受益。

　　总之，是否采用多层完井技术完全取决于其与单层完井的成本比较。在某些租赁区，采用多层位完井比单层完井更经济。采用这种技术可加快油田的开发。遇到原材料紧缺时，钢管的成本可能迅速攀升。不断改进多层完井技术可以促进其推广应用。

7.4 防 砂 完 井

当井钻开未固结（颗粒松散的）砂层时，完井作业就比前面所述的两种完井方法要复杂得多。出砂可能会损害设备和堵塞井眼，堵塞出油管线，造成钻井作业的成本不菲。这种层段不出砂或出砂量少的情况很少，大多情况下是大量的砂随着采出液流出。

石油工业生产早期，自流井的出砂问题都未作处理。仅有的控制措施是采取一些办法防止砂堆积。当需要用泵抽油生产时，除了控制砂堆积外，还要采取措施防止泵抽油设备被损坏。如今，许多井如果不采取防砂措施都将会造成井的生产成本不菲。

两种防砂完井方法都是采用割缝衬管或带眼衬管，并用砾石之类的填充物充填井眼（图7.4）。这两种方法的宗旨都是使流体通过的开口保持适当大小。采取防砂处理后形成砂桥，顺利防砂。

防砂完井作业，首先是获得地层砂样，分析砂的颗粒大小。这有助于确定割缝衬管或筛管的型号以及填充物或砂粒的大小。然后，根据滤网分析准备好带眼衬管。通常是将衬管下入井中，置于油管（小径管）上，并通过衬管悬挂在产层段。这类作业在套管井或裸眼井中都可完成。

在射孔层位和裸眼层位有几种方法都可完成砾石充填。此时衬管的割缝或筛网仅用于隔离砾石。割缝的尺寸可能比用前一种方法使用的割缝大一些，但一般仅比填充物或砾石稍小一点。砾石充填层的厚度通常为砾石直径的四至五倍。正如前面所提到的，具有砾石充填孔隙的地层砂桥和砂砾受衬管的筛网隔离，不能进入衬管。

在完井过程或井的寿命期后期出现意外问题时都可采用防砂完井。在世界上的很多地区出砂都不是主要问题，但在加利福尼亚和墨西哥湾地区，几乎每天都会遇到出砂问题。

7.5 防水和防气完井

通常，作业者希望产出液仅仅是石油。原油在出售前必须将其中的水排除掉，原油中分离出来的水越多，用以出售的就越少。他们还希望减少产出液中气体的含量，除非井是在纯气藏上完成。气体是油藏中蕴含的能量，它是推动流体进入井筒的动力。因此，为了延长油田的开采

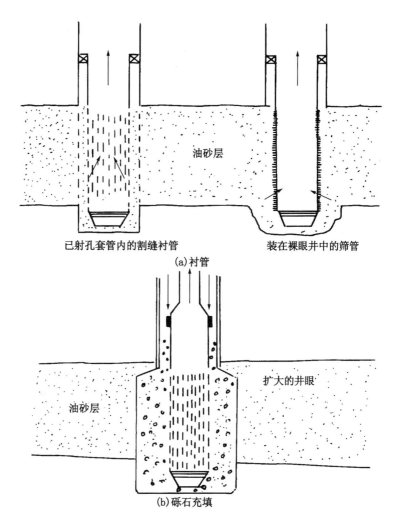

已射孔套管内的割缝衬管　　　　　　　装在裸眼井中的筛管

(a) 衬管

扩大的井眼

油砂层

(b) 砾石充填

图 7.4　两种防砂技术

寿命，在原地保存这种能源的时间越长越好。

　　在许多储层中，产油井段会遇到上覆气层或下伏含水层，或同时遇到这两者。这时生产井必须实施完井以避免产出游离气和水，因此为了控制气和水的产出，在具商业价值的油层中选择合适的生产层位十分重要。

　　下面介绍在生产过程中储层流体的动态。为了生产，必须建立井和泄油半径（井周围的含油气区）两者的压降或压力梯度。压力梯度分别向水平和垂直方向扩散，因此钻井造成的压降将作用于在储层中的所有三种流体——油、气和水，然后驱使这三种流体流向井内。水的密度比油大，而油的密度比气体大，它们之间的密度差提供了不同的压力梯度，倾向于防止水位上升，超过其静液面。如果井的生产速率不太高，油水界面（油层和水层的分界）只会上升达到一个平衡位置，那样这两个相反的梯度达到一致。而油和气体之间则会发生相反的情况，油—气界面下降直到两个相反的梯度达到一致。

但是，如果生产速率变得很大，水和气体可能都会进入井中。这将导致产出水和由此引发的问题，包括处理成本和（或）游离气的析出、储层资源的浪费以及储层压力因而快速下降等。而且最严重的是管理机构对产出多余气体要罚款。所以钻井作业者们尽可能地在生产期间注意防水和防气。

确定井中是否出水的一种很有用的测量仪是放射性示踪测量仪。在生产期间将它下入井底，它释放出水深放射性示踪剂。如果有水进入井筒，当示踪剂上返时就会与水混合。测量仪记录下示踪剂的放射性指数，在其上返时一直做跟踪测量。地面测量服务公司拖车中的仪器就可观测到水进入示踪剂的点位置，并记录在图表上。

在由砂泥岩交互层组成的储层中，砂岩产层被泥岩或致密岩层分隔，挤注水泥和射孔通常可减少或防止出水。有时储层的含水饱和度很高，不可能防水，水肯定会随着原油一同产出。

7.5.1 裸眼井完井

裸眼井完井是将油管下至预测的产层段顶部，产层段没有管道防护，在裸眼状态下完成的井（图 7.5）。这种完井方法仅适用于异常坚硬的岩层，生产时它们不会坍塌。

通常，裸眼完井方法应用于低压、坚硬岩层地区。在这样的地区可采用绳式顿钻钻具打开生产层。在下油管之前采用旋转式钻具钻进，下油管后，拆除旋转式钻具，安装绳式顿钻钻具，用顿钻钻具舀出钻井液，钻开预测的生产层。

这种完井方法的优点在于，无需起钻具、固结套管和射孔，钻开目标层段后即可实施地层测试。这种完井方式可避免由钻井液和水泥造成的地层损害，如果为了避开水层而需要加深钻进的话，也可以实施钻进作业。更重要的一点是这种完井方法适用于水驱薄储层，即使产层段厚

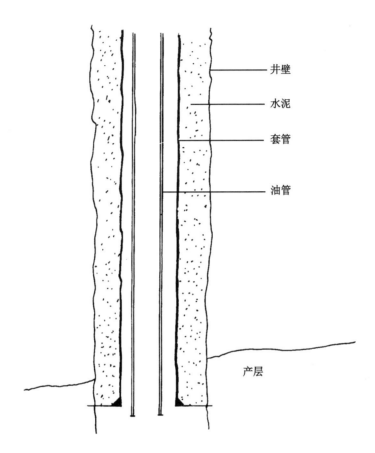

井壁

水泥

套管

油管

产层

图 7.5　裸眼井完井

度仅有几英尺。

通常井下增产措施可用于提高产层的产液量。最常见的增产技术有硝化甘油爆炸（现已过时）、水力压裂和酸化压裂。这些方法的详细介绍见第 9 章。显示易见，裸眼完井比常规的套管射孔完井的产能更高，在常规的套管射孔完成的井中，流体必须穿过管道上的几个小直径孔才能进入井筒。在薄的层状岩层或垂直渗透率很低或不连续等其他情况下，裸眼完井也特别有优势。

裸眼完井方法也较经济，因为其免去了套管和射孔的成本。可避免因注水泥造成的污染以及钻井液对地层的损害。但是套管射孔完井由于可射开和测试目标层，所以能更好地控制产层。在射孔完成井中隔离个别井段或层位、选择性地开展地层测试和增产措施比在裸眼井中更易实施，效果也更令人满意。同样，水力压裂方法在套管射孔完成井中更易成功。套管射孔完成井的产能一般比裸眼完成井的产能高 50%。当实施补救措施（如堵水或堵气）时，套管射孔完井对措施层段的控制同样具有重要的价值。

7.5.2　泄油孔完井

泄油孔完井是对多数完井技术的泛称。一般指以水平或近水平形式钻探并完成的井。水平井通常要求采用某种形式的定向钻探——以一定的角度钻进，而不是垂直向下的钻进方式（图 7.6）。

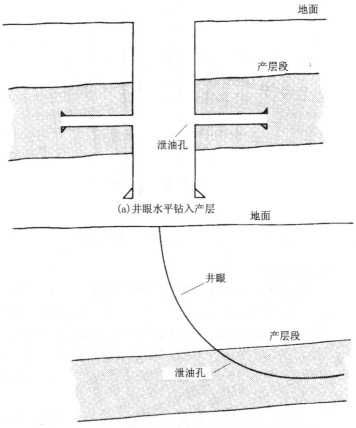

(a) 井眼水平钻入产层

(b) 以一定的角度造眼，在产层中形成水平井段

图 7.6　两种类型的泄油孔完井

泄油孔完成井的基本工序是当井垂直钻进一段后开始偏移井眼轨迹，并逐渐增加偏移角度，直至钻产层时井筒呈近水平状态。由此在井中形成长的产层段，提高井的产能。

其他类型的泄油孔是自主井眼钻一个或多个分支井眼。这些分支井眼即泄油孔。有些主井眼的井径达 8ft、人员进入井中，在井下像矿工一样钻分支井。

应当分析和对比多个泄油孔钻井和完井所增加的成本，综合考虑所增加的产能决定是否采用泄油孔完井。随着这项技术的不断改进和作业成本的降低，泄油孔完井技术的应用会逐渐增加。但是泄油孔完井技术必定会与常规的增产措施技术形成竞争，因为在很多地区常规增产措施同样可获得相似的增产能力。

这一章介绍了套管井和裸眼井的不同的完成方法（图 7.7）。下一章在继续介绍不同的开采方法前，先详细介绍下套管和注水泥的作业程序。

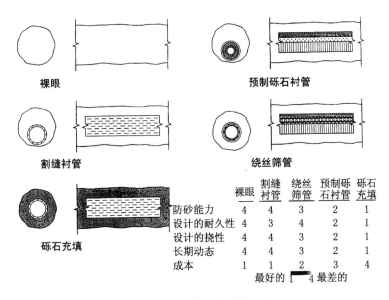

	裸眼	割缝衬管	绕丝筛管	预制砾石衬管	砾石充填
防砂能力	4	4	3	2	1
设计的耐久性	4	3	4	2	1
设计的挠性	4	4	3	2	1
长期动态	4	4	3	2	1
成本	1	1	2	3	4

最好的 1 ▮ 4 最差的

图 7.7　防砂完井类型的对比

8 下套管和注水泥作业

在完井过程中经常必须下入套管封隔井眼，防止流体侵入。为了将套管牢固地附着在井壁上并稳定井筒，必须向井中注入水泥。我们在第7章已提到这些方法。下面详细介绍这些重要的技术。

8.1 套管

如果有商业油气显示，井中就必须下入套管。通常，套管下至井中最下面的目的层，然后就地注水泥固结套管。

套管的作用有以下几点：

(1) 保持地层压力，防止上部层段和较疏松地层垮塌；

(2) 防止井眼坍塌；

(3) 控制井眼的产量；

(4) 作为地面设备的支撑点；

(5) 作为人工举升设备的支撑点；

(6) 隔离套管外面的地层，由技术人员选择生产层位、控制产量。

因为套管有好几种不同作用，所以通常不只安装一根套管柱。套管可细分为五类（图 8.1）：导管、表层套管、技术套管、衬管、生产套管。

8.1.1 导管

在某些地区，因为地表土壤的性质，可能必须在表层下一小段导管，通常其长度范围为 20 ~ 50ft，防止井眼四周塌陷。导管的另一个作用是将钻井液提升到超出地面高度，以便钻井液返回钻井液池。导管还可防止钻机基座四周发生冲蚀。

平整好井场、安装完钻机后就设置导管，挖钻井液池。下放导管的孔眼是用安在卡车尾部的螺旋钻具钻成。将导管下入这个孔眼中，导管与孔眼之间的缝隙用混凝土填充密实。

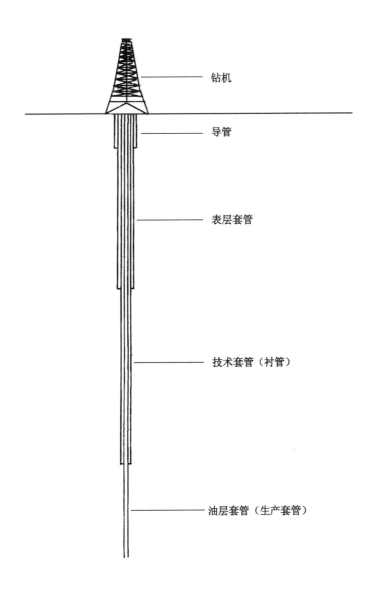

钻机

导管

表层套管

技术套管（衬管）

油层套管（生产套管）

图 8.1　套管的四种类型示意图

　　在沼泽和滨岸地区，利用打桩机安置导管。滨岸的导管直径范围为
30 ～ 42in，而陆上通常采用管径小些的导管，为 16 ～ 20in。

8.1.2 表层套管

下入导管之后再下表层套管。表层套管可防止淡水层受到其下伏产层中的油、气或盐水的侵入。由于淡水层一般位于较浅层位，所以表层套管所需的长度通常也超过 2000ft。

表层套管的另一个重要作用是为安装防喷器（BOP）提供一个支撑。在钻井作业期间设置防喷设备控制井涌或井下压力波动。一经完井，就将防喷器（BOP）拆除，代以采油管汇或井口生产装置（图8.2）。

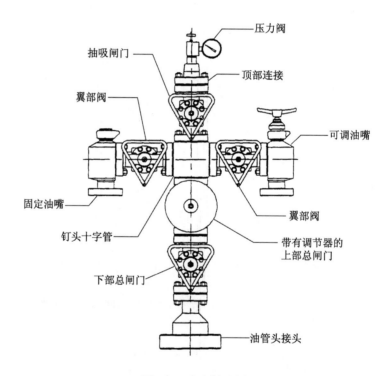

图 8.2　采油树示意图

井中表层套管的下入深度是必须要到达未发生破裂或断裂的地层，而且是预测钻井液密度为最大的深度，在此将安置下一串套管柱。表层套管的外径略小于导管的内径（表层套管置入导管内）。表层套管的最小下入深度通常为井设计总深度的 10% 或 500ft，还可以再大一点。表层套管下到预定深度，就向导管周围注水泥，就地固结。

8.1.3　技术套管

技术套管，虽然不经常用到，但它可防止浅层出现循环漏失。当在地层压力异常区、易塌岩层或循环液漏失带钻进时，在继续向深部钻进之前，管柱已将发生危险的几率降至最小。这就是采用技术套管的目的。严格地说，并不要求它对井有什么专门的用途，与其说它是完井作业的一部分，不如说是钻井作业中的组成部分。

在地面利用套管悬挂器将技术套管密封并悬挂起来。水泥沿套管向下循环，到达套管底，上返至需要固井的层位，实施注水泥作业。本章的后面将更深入地介绍注水泥作业。

8.1.4　衬管

套管是从地面下至预定深度，并与上一层套管叠置，而衬管仅连接上一层套管的底部，直至裸眼的底部。衬管是通过套管悬挂器将其悬挂在先下入的套管柱上。通常将衬管原地固结，但也可能以悬挂在井中，无须固结。

采用衬管的一个好处就是不必将管柱从井中起出。套管成本很高，最有效的成本节约可能就是减少套管的使用。

有时将衬管代替技术套管下入井中，起的作用相当于技术套管。

8.1.5　生产套管

生产套管有时被称做油层套管或长套管。它通过井眼渗流将产层中和其他地层中的油和气与其他不希望出现的流体分隔开。生产套管同时也是井中油管和其他设备的防护装置。

油层套管是在井中下入的最后一种套管。它是从地面一直通到产层的一整根管柱。

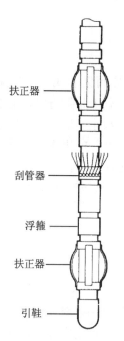

扶正器

刮管器

浮箍

扶正器

引鞋

图 8.3 当井中下入套管时要
用到的完井设备（经 TRICO
公司允许）

8.2 套管附件

井中下入套管时还要用到很多仪器及其附件（图 8.3）。下面简要介绍其中部分附件。

8.2.1 引鞋

引鞋是置于套管底部，防止套管下端变形的一个重且坚硬的物体。引鞋底部内旋接一个水泥接箍，其功能是便于水泥注入和套管柱固结。引鞋的内径小于套管，既可防止钻井液上升进入套管，又可保持一定的悬浮性。

8.2.2 浮箍

浮箍是一种多功能装置。它可使套管滑入井中。浮箍带有受液柱外压力控制的回压阀，防止水泥上行至环形空间和管柱外侧后发生回流现象。浮箍是很重要的装置，因为水泥浆的密度总是大于钻井液的密度。

如果在注水泥作业期间出现井涌，回压阀可防止发生穿过套管的井喷。当高压地层暴露在裸眼井中时，这个安全特性显得尤其重要。

当替入水泥后，浮箍可起顶部水泥塞的作用。其优点在于滞留在浮箍和套管鞋之间的套管内的水泥浆的量是已知的。如果循环的水泥浆滞留在套管上部，那么套管鞋之上的环形空间就能固结良好。这将使一些水泥浆滞留在套管鞋处的管柱中，并让作业者确信，这个点正是套管外部的优质固结点。

8.2.3 扶正器和刮管器

套管上安装扶正器和刮管器是用以辅助注水泥作业的。套管扶正器就是一些将套管固定在井眼中心的弹簧，确保水泥在套管壁上分布均匀。刮管器是带有机械手的仪器，和扶正器一起安装在套管上。刮管器通过套管柱的往复运动或旋转运动摩擦井眼。泥饼（钻井液包覆层和堵塞井壁的钻井颗粒）由此可从井中被清除掉。这为水泥固井提供了较好的胶结面。

8.2.4　井口装置

井口装置是安装在防喷器或采油树上的套管附属装置。它是通过螺栓或焊接方式永久性连接到导管或表层套管上的固定装置。井口装置置于陆地井口和自升式海上钻井平台或其他海上钻井平台的井口甲板上。驳船、半潜式钻机和钻井船将井口装置安装在海底。

表层套管几乎都是焊接在井口装置上。然后将套管柱插入井口装置中，由套管悬挂器支撑，套管悬挂器被固定并密封在井口罩中。防磨补心或称井眼保护器在穿过套管头钻进时对密封面起着保护作用（图8.4）。

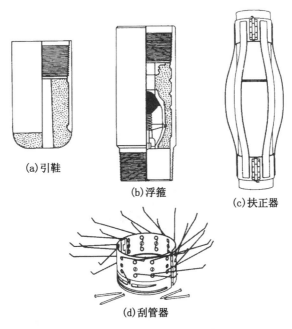

(a)引鞋

(b)浮箍

(c)扶正器

(d)刮管器

图 8.4　完井设备全貌图

8.3　注　水　泥

　　很显然井口装置不能支撑几千磅的套管。为稳固起见，套管必须在井壁上有附着点。这就是注水泥的一个作用。

　　油井的注水泥作业是将水泥浆混合注入井中，水泥浆沿套管下行，然后沿套管外面的环形空间上返。注水泥后，将套管和地层固结在一起（图 8.5）。

　　注水泥作业的目的有以下几个：

　　（1）将套管和地层固结在一起；

　　（2）保护套管和产层；

　　（3）密封难处理的地层以利于继续钻探；

　　（4）有利于高压层位防喷；

　　（5）为套管提供支撑；

　　（6）防止套管被腐蚀；

图 8.5　注水泥作业概貌图

（7）在进一步钻井过程中出现井涌（压力骤增）时形成密封层。

注水泥作业可分为初次注水泥作业或二次注水泥作业。初次注水泥作业是在井中下入套管随即完成。目的是有效密封并隔离各层段，并保护套管。二次注水泥作业在初次注水泥后实施。通常它是修井作业的一部分。

8.3.1　初次注水泥

7 种初次注水泥的方法：

（1）穿过套管的单级注水泥，也称为常规注入技术；

（2）多级注水泥适用于具有临界破裂压力梯度的井或在长套管的井中要求高质量注水泥作业；

（3）通过钻杆的内管注水泥适用于大直径管柱内；

（4）多管柱注水泥适用于小直径管道；

（5）反循环或注水泥适用于复杂地层；

（6）延迟凝固注水泥，适用于复杂地层和需矫正方向的情况；

（7）管外（或环空）注水泥通过油管在地面管道和其他大直径管道注水泥。

在这 7 种方法中，单级注水泥和多级注水泥都是初次注水泥。

（1）单级注水泥。

在实际操作中，注入钻井液之后和打底塞之前要注入 10 ～ 15bbl 水或化学制剂。这种由水或化学剂组成的隔离液作为冲洗剂，可冲洗钻井液和水泥浆之间的空间。它还有助于清除井眼中的泥饼，在注入水泥浆之前，冲洗掉钻井液，减轻井筒污染。

水泥塞通常是装在塑胶模具中的铝质物。当底塞到达浮箍时，这种铝质隔膜裂开，使得水泥浆继续沿套管下行，在管外环形空间上返。顶塞为整体构件，当所有的水泥浆都混合后再放入顶塞。此塞紧随水泥浆放入。钻井液或其他流体驱使水泥浆沿套管下行。当水泥塞到达浮箍位置时形成完全封堵。一个内有水泥头的塞子用来释放水泥塞。

泵压升高是一个说明顶塞已到达浮箍的信号，称为冲击塞。为确保水泥的循环和驱替效率，套管应该在整个循环、水泥浆混合和驱替期间连续做往复和（或）旋转运动。

（2）多级注水泥。

这项技术用于在套管柱与井身间两个或两个以上单独层位的注水泥

油气开采

作业。这通常是一长段井段，如果水泥浆从底部上返，可能会导致地层破裂，所以必须在管柱的合适位置放置一个由带眼接箍构成的器具。

通常，先向套管的下半部分注水泥，水泥塞通过未开放孔眼的分级箍。专用塞产生的水压将这个分级箍打开。然后流体通过该分级箍循环返至地面。水泥通过孔眼停留在套管上部，然后孔眼被水泥后面的最后一个水泥塞堵塞（图 8.6）。

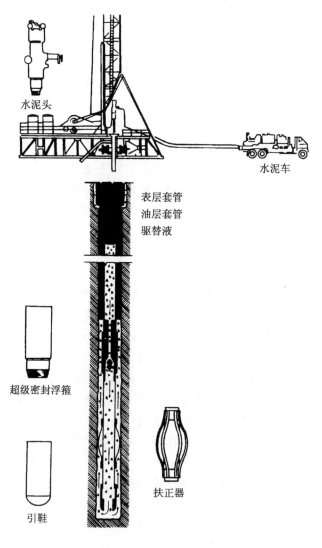

水泥头

水泥车

表层套管
油层套管
驱替液

超级密封浮箍

扶正器

引鞋

图 8.6　经套管和环形空间注水泥示意图

（3）二次注水泥。

在初次注水泥作业后实施二次注水泥。二次注水泥适用于堵塞裸眼井段、干井或经射孔孔眼挤注水泥。挤注水泥可将油气产层与含其他流体的层位隔离。它还可用于以下方面：

①补救初次注水泥作业；

②修补缺陷套管或不恰当的射孔孔眼；

③减小在裸眼井中继续钻探可能发生循环液漏失事故的危险几率；

④废弃永久性非生产层或枯竭层；

⑤射孔前隔离某一地层；

⑥压裂地层。

通过射孔孔眼将水泥浆带压注入。泵送速率要慢到允许脱水和初凝，直至达到设计的挤注压力时才停止泵送。

8.3.2　水泥的分类

科学家对用于水下的水硬性水泥的研究发现，由不纯的石灰岩生产的石灰配制出的灰浆比用由纯石灰岩生产的石灰配制的灰浆好得多。由此发现了将石灰质和黏土质物质混合燃烧生产波特兰水泥的专利工艺，该工艺与英格兰海岸波特兰岛生产混凝土的工艺相似。

用于油井的波特兰水泥用美国石油学会（API）分类，API 水泥的有效深度是随温度和压力变化的一个函数。在异常低温地区，API 水泥可用于深井段作业。在异常高温地区，这种水泥可能仅限于浅层作业。常规的 API 温度梯度为 1.5 ℉ /100ft。

8.3.3　水泥添加剂

大多注水泥作业都是采用散装方式运输水泥，而不是手工装袋。散装方式可让工人准备和提供适合井况条件的混合水泥浆。这种混合水泥浆的配制是在 API 分类中的 A、S、G 或 H 级水泥中加入添加剂。有些添加剂是缓凝剂，有些是助凝剂，它们可改变水泥浆的凝结时间。添加剂的作用如下：

（1）减小水泥浆密度；

（2）增加水泥浆体积；

（3）加快水泥浆稠化及凝结；

（4）减少候凝时间（WOG），增加水泥浆初期强度；

（5）减少失水量；

（6）有助于防止发生先期脱水；

（7）增加水泥浆密度，控制压力。

导管和表层套管的水泥温度较低，水泥浆中需要加入促凝剂以促进水泥凝结，减少不必要的候凝时间。

对于深井而言，水泥缓凝剂有助于增强水泥浆的泵送能力。添加缓凝剂的决定性因素是井下温度。当井下温度上升时，水和水泥的化学反应加速。这将减少水泥稠化时间，弱化其泵送能力。压力对此也有些影响，但没有温度的影响大。温度只上升 20 ℉ 就可能影响注水泥作业的成败与否。

低密度的添加剂减小水泥密度。期望获得异常高压时采用高密度的添加剂。

循环液漏失是常见的钻井问题。在注水泥作业期间也可能发生此类问题，所以有必要采用添加了堵漏剂的水泥来保持循环。

为了降低渗滤速率在油井水泥中要添加低失水添加剂，这与在钻井液中混入添加剂的工艺相似。在挤注水泥和高水泥柱注入作业（例如深衬管注水泥）中有时采用降滤失剂。

与泵抽钻井液的作业过程不同，在紊流中应加入水泥，以确保环形空间中水泥浆冲洗效果更好。低黏度水泥浆在泵送速度较慢条件下可进入紊流状态，可减小循环速率，在低于地层破裂压力条件下泵送水泥浆进入紊流。降阻剂可在驱替速率较低时加快紊流速率。

由于淡水泥浆不能与盐层很好地胶结，所以针对盐系地层研发出含盐饱和水泥。在固结面，水泥浆中的水将盐溶解或渗流掉，盐会影响层面的有效固结。含盐水泥浆还有助于保护对淡水比较敏感的泥岩井段。

8.3.4 注水泥的注意事项

油井固井水泥浆的密度范围 为 10.8 ～ 221b/gal（1lb/gal=119.826kg/m³）。水泥浆的密度取决于水泥中混合水和添加剂的量以及水泥浆受钻井液或其他物质污染的程度。通常是利用标准的水泥浆比重计度量通过混合槽的水泥浆的密度实现水泥浆密度的控制。

注水泥作业中要求的水泥量是根据计算的注水泥体积、油田现场经验和常规要求而得出。在缺乏实践经验的地区，注水泥的量采用电缆井径测量计算值或钻头测量估计值的 1.5 倍。

随着水泥凝结，水泥的温度大幅度上升。这种现象可用于确定水泥顶的准确位置（图 8.7）。一旦水泥开始凝结即向井中下入温度计进行温度测井。从水泥顶至井底范围内的井身温度比水泥段之上的井身温度要高很多。

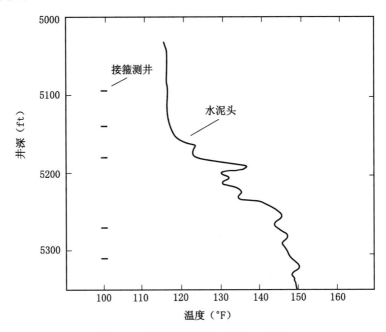

图 8.7   温度测量曲线（显示水泥顶）

温度测井作业也可确定套管和井眼之间的胶结质量。如果胶结效果差，其温度的变化就显示出来，温度曲线与正常的温度梯度曲线不符。水泥胶结测井仪（CBL）是一种较精密的测井仪，它可测量出声波信号强度的衰减。CBL 可以测量套管与岩层间的胶结状况。CBL 需要熟练的解释技术，在有利的条件下，它甚至可确定水泥的耐压强度。

一旦套管被定位，固井、射孔和一切必要的增产措施都完成后，油井就准备投产。下一章将论及油气从产层中采出到销售环节的内容。

9 采油基本原理

欲从油藏中有效采油，则需要拥有关于流体力学和具体的采油过程的基本知识。然后，必须将这种知识应用于每个油藏。为此，工程师必须知晓油藏特征、最适合于所选择的某一个油藏的采油过程和确保从该油藏中最大限度地采出可采油量的作业方法。

9.1 采油机理和影响因素

9.1.1 采油机理

采油就是一种驱替过程。石油不具备将自身从油藏中排出的任何固有能力。相反，必须借助于某种驱替剂才能将其从孔隙性地层中驱替到井筒里。通常，把气或水用作驱替剂，在油藏内或在其附近往往可以得到气或水。如果它们不存在，作业者能通过注入井供给气或水。

我们已讨论过，三种主要的天然驱油机理为溶解气驱、气顶驱和水驱。选择了某种驱动类型，就相应固定了作业特征，从而，在很大程度上确定了最终的采收率。上述三种驱油机理的特征、机理和效果是不同的。

就溶解气驱而言，当气从油中析出时，油被驱替。当采油过程中地层压力下降时出现溶解气驱。现有认识表明，溶解气驱基本上是无效的，因为在溶解气驱的同时整个油藏的能量衰竭。

就气顶驱而言，驱动能量来自位于含油带之上的原始游离气顶。在该驱油机理中，压力降低导致气顶膨胀。随着气向下膨胀，并沿构造下倾部位侵入油层中，气顶将油往低压区（生产井）驱动。

就水驱而言，来自邻近含水层的水侵入油藏的含油部分。随着井筒压力降低，水朝压力降低方向流动，侵入油层，从孔隙性岩石中置换出石油，并将其往井内驱动。

气顶驱和水驱的效果比溶解气驱的好得多，通常，水驱的效果是最好的。但是，欲保证获得最高的原油采收率，必须往油藏中补充水驱能量或调整这种能量。

对上述每种采油机理来说，重力对采油具有一定的附加影响，当涉及垂直方向时，必须考虑到这种影响。在某些条件下，重力会成为一种主要的采油驱动力。在流体运动处于静止状态或仅略为影响到压力的情况下，重力和压力的共同影响会引起不同流体按相对密度分离。因为油比水轻，油在驱替水前面流动，从而增加采油量。

重力对采油显得重要的条件包括具有适当倾斜角度的渗透性厚地层、低原油黏度和采油速度低到足以减弱任何干扰。

9.1.2 影响采油的因素

从油藏中可以采出油量变化很大，部分取决于地下构造的天然条件，部分取决于流体性质。这些因素进一步取决于作业者如何开发油田。影响到石油开采的主要因素如下：

(1) 产层特征，如孔隙度、渗透率、孔隙间或原生水含量、均质性、连续性和构造轮廓；

(2) 油层条件下石油的性质，如黏度、收缩率和溶解气含量；

(3) 作业控制，如天然驱动力、采油速度和压力动态的控制；

(4) 井况和构造位置。

9.2 采油的动态控制

9.2.1 油层动态控制

对每种驱动类型都需要进行精细控制，以便避免浪费驱油剂。作业者可以对自然力量进行一定程度的控制，尤其是在石油流动方向方面。问题是作业者是否能够用更有效的驱动方式替代无效驱动方式，然后，对其加以控制，以便获取最丰厚的利润。

对这种重要的考虑要尽早规划。发现一个新油藏后，作业者应该确定天然存在的驱动类型及其驱油效果。借助于这种信息，作业者则可决定是否充分利用天然驱动能量，是否补充这种能量或是否通过注气或注水完全调整天然驱动能量。作出这种决策要充分考虑到总的开发和作业成本。在开发方面，气顶驱油井的管理、位置和完井方式与水驱油井大相径庭。但是，在气顶驱或水驱条件下，作业者通常可以在高油藏压力下更好地作业。这意味着在油藏开采期内要尽早开始补充天然能量。

对正确控制油层动态的要求。有效采油不仅取决于不断向前推进的气或水侵入整个油藏的程度，而且取决于气或水驱替或冲洗石油的均匀程度。正确控制一个油藏，有以下七点基本要求：

（1）选择有效的主要采油机理，也许仅仅是天然能量驱动，也许要用注入的流体对其加以补充，也许要对其进行调整，从而形成全新的驱动方式；

（2）对主要的采油机理来说，必须能够在整个油藏中均匀和渐进式推动流体流动，不断向前推进的流体把油驱替到生产井中；

（3）油藏被流体波及和未波及的部分之间的界限应清晰可见，而且始终是相当均匀的；

（4）均匀地冲洗石油，在不断向前推进的气或水前沿之后不能形成高含油饱和度带；

（5）避免过度消耗气或水资源；

（6）为了充分控制不断向前推进的气或水，要精细布井和完井；

（7）保持油藏压力高到足以防止溶解气大量析出。

9.2.2 采油速度的控制

有效采油并非是随机的，而是需要作业者进行精细而周密的规划。对有效采油而言，最重要的因素之一是控制采油速度。研究表明，过高的采油速度会导致油层压力迅速降低、溶解气过早析出、驱替前沿不规则推进、浪费气和水资源、形成死油和旁流油带以及在极端情况下导致无效溶解驱。过高采油速度造成的每种负面影响均会降低最终的原油采收率。通常，控制石油开采的最有效方法是限制采油速度。

当然，仅仅控制采油速度是不够的。作业者也必须控制驱替流体的推进速度，防止其过早耗散。所以，必须采取保护措施防止浪费驱替流体和控制油层动态。

9.3 最高合理产量

大多数油藏的合理开采直接取决于最高产量。每个油藏有一个可实现有效开采的最高产量。把产油量提高到高于该最高产量往往导致损失驱动能量和降低最终产量。一方面，在低于该最高产量条件下开采不会增加最终原油采收率。鉴于这些考虑，提出了最高合理产量这一概念。

某个油藏的最高合理产量定义为能够保持很长时间而不伤害油藏的最高产量，如果超过该最高产量，就会降低最终原油采收率。作为一个工程原理，这一概念具有坚实基础。最高合理产量不是一个油藏的不变特征，但是取决于采油机理、油藏的物理性质、油藏所处环境和油藏中的流体。对同一个油藏而言，采用不同的采油机理，其最高合理产量是不同的。但是，通过研究油藏动态，如果拥有大量地质和采油作业资料，采油工程师则能确定最高合理产量。

就确定一个油藏的最高合理产量而言，必须满足下列两个不相关的物理条件和一个经济条件。

（1）最高合理产量不得超过油藏的生产能力；

（2）单井的产量不能过高；

（3）单井的产量不能低到阻止有利润的采油作业。

在油田开发的早期阶段，最高合理产量往往受单井合理产量限制。开发工作实质上结束后，通常拥有来自大量采油井的资料，可以得出油藏的总最高合理产量。因此，在油田开发的后期阶段，油藏的有效生产能力限制了最高合理产量。在任一情况下，油藏或单井的产能决定了油田的最高合理产量。

9.4　有效油井动态

有效的油藏开采也需要进行有效的油井采油作业。如上所述，一个油藏的最高合理产量不能超过每口油井的累积最高合理产量。因此，确定油藏的有效生产能力就意味着作业者欲分享其股份则必须研究每口井的产能及其限度。

确定单井产能的最有用方法之一就是进行产能测试。通过进行产能测试可以确定单井的采油指数和比采油指数。利用这些资料又可确定总压降和油井以某一给定产量开采期间单位地层剖面的压降。所以，通过产能测试可以评价单井的最高产量，油井以这种产量开采，则可以避免井筒周围出现过高的局部性压降，保持高的含油饱和度，防止气或水指进或侵入油井。

油井产能测试，按规则时间间隔进行的生产测试和油井开采史的连续记录也可提供对于确定单井有效产量很有价值的信息。

　　现在，我们知道了油藏的开采过程和为什么最高有效开采速度对于获得单井最终产能的重要性。确定所有这些因素时，作业者就能决定对油井和油藏采用哪种驱动方式。这时，作业者将着手为油井安装采油设备，然后开始采油。

10 采油方法 —设备与测试

一旦下入套管，并且完成了固井、射孔和必要的增产措施，油井的生产设备准备就绪后就可以投入生产了。本章涉及的内容包括从产层中获得油气一直到各油气销售点的全部过程。

10.1　生产井装备

为了保护套管，将称为油管的小直径钢管柱下入井中。井中的流体通过该油管带到地面。为了使井中流体不进入套管和油管之间的环形空间，通常将可以膨胀的密封封隔器置于油管底部附近。

井口必须安装大量的阀门装置和接头以控制流体的流动方向。如前所述，这些阀门装置称为井口装置，有时称为采油树。

产出的流体从井口经管线输送到集油站，通常称为中心选油站。这些油罐可以储集很多油井产出的原油。集油站配备有分离产出流体——油、水和气所必需的装置，这样就可以对每一种流体进行适当的处理。关于这方面的更多知识详见第 11 章。下面让我们讨论原油从井底流入油管线的过程和需要的井底装置。

10.2　油井举升类型

生产井一般按照产出液从井底到出油管线的采出机理类型进行分类。这种采出机理可能是自喷或人工举升，气井利用自喷采气。有些油井在生产期间因为本身能量可自喷产油（图 10.1），但最终需要外部能源维持生产。

当开井生产时，由于井筒和油藏之间的压力差，原油进入井筒。当压力下降时，溶解气开始析出，在原油中形成气泡。当油流入油管时，压力进一步下降，气泡膨胀，液柱变轻，油藏压力和油管中液柱重量减少使油井产生自喷。

在生产过程中，油藏本身也不断产生气泡，气泡不断膨胀，把更多的原油推入井筒。然而，最终膨胀的气泡互相接触，在油藏中形成连续

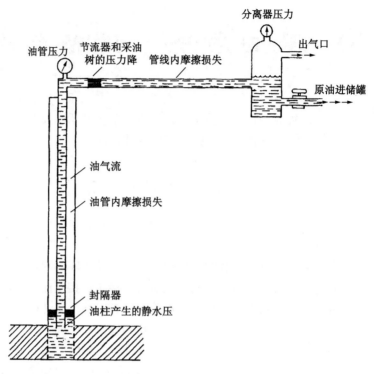

图 10.1　有足够压力将原油举升至地面的自喷井示意简图

的气体通道。当此现象发生时，气体开始流入井筒，使更多的密度较大的原油滞留在油藏中（图 10.2），此现象一直持续到油藏压力降到很低不能驱动剩余油到地面时为止。此时，需要采用人工举升方法采油。

10.3　人 工 举 升

油藏因压力降低而不能依靠天然能量以最经济的速度开采时，就要采用人工举升采油方法。最常用的人工举升方法有：气举、活塞举升、杆式抽油泵、气动液压泵、旋转容积泵、深井液压泵、电潜泵。

在原油生产过程中，若要获得最大的经济利润，人们必须考虑时间的金钱价值。储蓄存款就是涉及这个原理的一个令人熟悉的例子。投资 1 美元或以每年 15% 的利息存入银行，10 年后价值为 4.05 美元。反过来说，从现在开始 10 年后得到的 4.05 美元按照综合年利率为 15% 计算，在当下只不过是 1.00 美元。

确定未来美元目前的价值称为折扣或贴现。目前 1 美元在未来某个

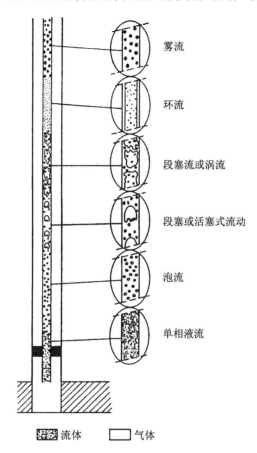

图 10.2   流体流动时油管中流体的分离作用

时间的价值相当于今天投资 1 美元在相同时间、相同利率和相同综合利率时段的未来价值。

　　石油工程师利用这个概念确定某一口特定井的最经济采油方法。从工作立场出发，理解这个概念有助于认识停工时间成本和最大限度纠正阻止生产问题的重要性。如果某油田中预期生产寿命是 10 年的一口井停产，那么其损失在 10 年后用 10 年的时间都不可能弥补。按每年综合利息率为 15% 计算，在油价不变的情况下，10 年后其生产价值仅为今天生产的四分之一。因此，从油井获得最大经济利润的最重要因素之一是使停产损失产量最小化。

10.3.1　气举

　　油藏压力太小或溶解气太少不能维持自喷的油井，就要利用称为气举的人工采油法诱导流体流动（图10.3）。气举系统设计变化多样，但基本思路是从外部气源把气注入油管内产出流体中，降低液柱重量，使油流入井筒。

　　作业期间，气体在压力作用下注入油管和套管间的环形空间并经打开的气举阀进入油管。油管内阀门以上的流体和气体混合被驱替或减轻，并且流体可以同膨胀气体一起上升到地面，气液一旦到达地面，气体就从油中分离出来，然后被再次压缩成高压气体注入油套管环形空间，进入再次循环。

　　只要气体以接近恒速注入，该系统称为"连续"气举。然而最终油藏压力会下降到一个点，即使借助于补足气源也不能维持原油的流动。这个阶段可能要采用一种称为"间歇"气举系统。在此工艺中，让流体在油管中有更多的混合时间，然后，气体在预定的时间间隔注入油井，把流体以活塞流的形式驱替到地面。

　　特种气举是适用于低产井的活塞气举系统。油管下端安装流体聚集器，当积聚足够多流体时活塞就把它推到地面。推动活塞的动力由高压气体提供。当活塞到达地面时，释放其下面的高压气体，活塞退回到油管底部直到下次开始的地面之旅为止。

　　气举是广泛应用于近海作业的人工举升工艺。在近海油井气举法中优先选用连续气举法，因为高压和低压管道系统一般功率有限。海上也安装了很多气举装置。

　　在19世纪初期，水井常常借助于空气举升进行生产。为了把水从井底提升到地面，向井中的小水管中注入压缩空气即可完成。后来，这个原理应用到油井上，只不过是用天然气取代了空气作为注入介质以减少腐蚀和火灾罢了。

　　（1）连续气举。

　　开口式水管是最简单的一种气举装置。图10.4所示为静态下一口水井的示意图。因为地下压力太小不能使水流至地面，必须采用某种人工举升方法。请注意井中流体静水压等于地下岩石中的压力。

　　把空气或气体注入管内，空气或气体与管底上面的流体混合从而降低流体密度差，导致水井开始产水。这种举升称为连续气举。为了增

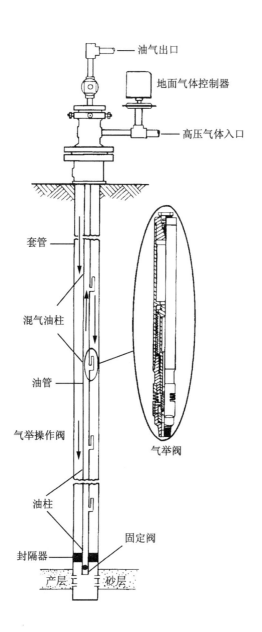

油气出口

地面气体控制器

高压气体入口

套管

混气油柱

油管

气举操作阀

气举阀

油柱

固定阀

封隔器

产层 砂层

图 10.3 气举装置(气通过套管和油管间的环形空间注入井中,经过气举操作阀进入油管,在油管中与原油混合并把气油混合物举升到地面)

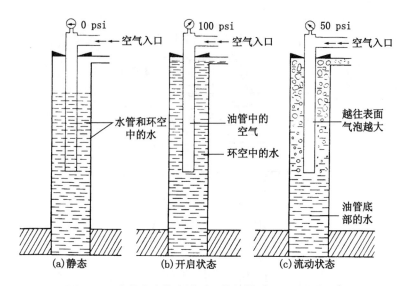

图 10.4   水井中水管末端开口的气举（1psi=6.895kPa）

加产量，阻止水井断流，早在它停产以前常常在井中安装连续流气举系统。在大多数情况下，将气体注入环形空间，水井中的水从水管产出。但是如果产出水体积大的话，可能从管底注入气体，则水从环形空间产出。

在间歇流气举（图 10.5）开采中，周期性注入气体，直到进入水管的流体达到所希望的最低气举阀以上位置时为止。产层回压刚好是水管中流体上面气体的静压，水管中较小液柱的静压非常小。突然注入的气体通过较低部位气举阀大孔导致积聚的流体以段塞形式迅速排出，同时缩短了气体通过流体向上的滑程。提供合理的设计和控制，这种气举装置可能很有效，可以用于井底压力很低的井的开采。

有些井井底地层压力非常低而生产指数高，就要采用称为箱式气举的特种气举形式。除了气体停注时，井中流体积聚在直径比水管大的箱体中，这个系统的作用与其他间歇气举系统没有什么两样。由于相同体积的流体产出，静压与井底生产压差下降。利用箱式气举比连续流或其他间歇气举的井底流压低。积聚箱上面的启动阀与间歇气举相同（图 10.6）。

当气体从水管进入环形空间时，注入点以上的环形空间内的流体密度下降。所需的注气压力和井底静压减小。由于此时地层压力比井底静压高，所以流体可以流入井筒。从水管底部注入的气体形成的气泡上升到环形空间时发生膨胀，每次膨胀大小加倍，其上静压减半。

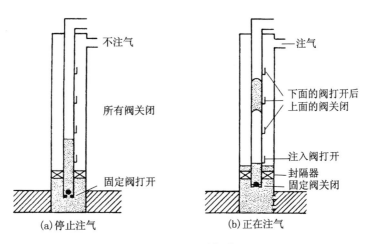

图 10.5　间歇气举

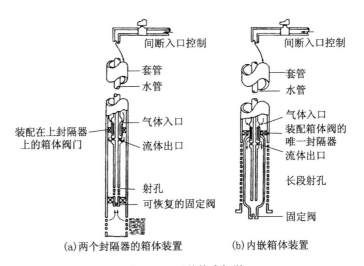

图 10.6　两种箱式气举

这种气举应用在浅井与应用在井底压力很高的井一样令人满意，但对于深井来说气举开启压力大。为了改善这种情况，有时在从静液面到管底间的管柱上钻孔（或射孔）。这在图 10.7 中进行了图解说明。

在这种装置中，需要的启动压力更低。然而，当注入点移到管底时，通过上面的开口连续注入的气体不断地进入管内，显著地降低了气举效率。由于这个原因，将气举阀设计逐步改进以便在卸载时一旦到达注入深度注入阀就关闭（图 10.8）。

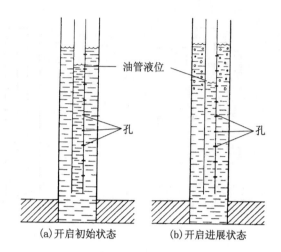

（a）开启初始状态　　　（b）开启进展状态

图 10.7　带有开关阀的末端开口油管

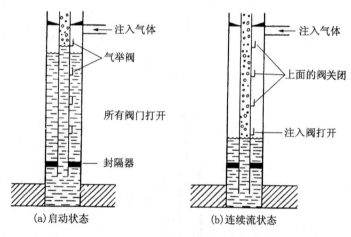

（a）启动状态　　　（b）连续流状态

图 10.8　气举阀装置示意图

（2）间歇气举。

自从 20 世纪 30 年代以来，气举技术研究取得了快速进步，同时促进了间歇流气举的发展。图 10.5 和图 10.6 的连续注气气举，这种注入方式对井底地层压力低的井有严格限制，因为气体连续注入，压力不断增加。

气举也可能在生产过程中产生一些问题。在连续流气举条件下，地层维持较高的回压，使用高压气可能有安全隐患，如注入气体压力对套管会产生影响、地面管线内氢氧化物的形成，这些都可能是气举存在的问题。

10.3.2　活塞举升

活塞举升是所有人工举升方法中用得最少的。采用这种举升方式的井不到所有人工举升井的1%。它在流体已经流动的情况下用得最多。但是，在有些井中特别适用，尤其适用于气液比高的油井或井底压力和生产能力低的气井。在这些井中，管内流速太低而不能带出井中的流体。管内流体发生分离，井内进液，但不再流动。活塞举升利用管内上下运动的活塞工作。活塞内有一个旁通阀，当它碰到管顶时打开，碰到管底时关闭（图10.9）。活塞与油管的配合缩短了流体通过推动它的气

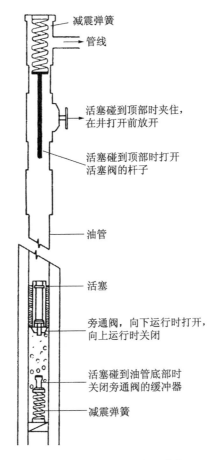

减震弹簧

管线

活塞碰到顶部时夹住，在井打开前放开

活塞碰到顶部时打开活塞阀的杆子

油管

活塞

旁通阀，向下运行时打开，向上运行时关闭

活塞碰到油管底部时关闭旁通阀的缓冲器

减震弹簧

图10.9　活塞举升的主要构件

体的回程，如图 10.10 所示。

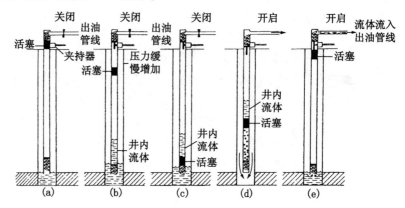

图 10.10　活塞举升周期显示

（a）在无表面压力关井状态时，活塞由夹持器夹住，旁通阀开启；（b）关井，压力增加，通过开启旁通阀释放活塞，流体积聚在油管底部；（c）关井，活塞到达井底，旁通阀通过活塞上面的流体关闭；（d）开井，活塞及流体通过膨胀气体向上举升，活塞旁通阀关闭；（e）开井，活塞到达顶部，由夹持器夹住，旁通阀开启。然后关井，重复循环

　　活塞举升可用来延长依靠井本身能量自喷生产的油气井寿命。但是，安装有封隔器、固定阀和间歇气举装置的活塞气举，通过利用内置气体动力源，取得的效果可能比单独用间歇气举好。活塞举升也可用于由于油管结蜡、结盐或结垢而妨碍生产的油井。油管内活塞运动有助于在这些结蜡、结盐或结垢对生产造成非常不利的影响之前把它们清除掉。

10.3.3　各种举升方法的优点和缺点

　　气举作为一种实用的人工举升方法有很多优点。其操作比较简单，需要的装置比较便宜，还具有比较大的灵活性。无论连续气举、间歇气举还是箱式气举，无论是在高产量井还是在低产量井中都能有效应用。现已证明，在不利的井况下气举很有效。处理砂或其他固体也没什么问题。在腐蚀问题严重和高气油比下生产时，运用气举方法比其他人工举升方法更有效，而且还可有效地用于斜井眼中。气举也可以设计成与测井电缆系统一起使用。有了测井电缆，井底压力测量就不难进行。

　　气举还有其他优点。与其他系统相比，其操作成本低，故障率低；气举在市区应用需要的空间不多；此外气举还可用于海上生产平台。

选择气举装置之前还必须考虑它的一些缺点。气举必须拥有高压气源，压缩气体可能极大地增加原始投资支出。根据市价，补足封闭压缩的地面系统的气源损失也可能很昂贵。在只有一口井的矿场或小油田，气举常常不是经济有效的方法。对深井采油来说，气举并非理想选择，因为深井水位降低，即井底压力低。在这些情况下，间歇采油装置效率特别低，不容易进行精确的气体测量，涌流可能会造成地面装置发生作业问题。

活塞举升装置是自动装置，多数情况下在压力控制器控制下工作，有时可能有手动装置。用于活塞气举装置的循环自动控制器，其活塞和集液器可能有很大差异。

活塞举升的最大的优点是费用低。与其他举升系统相比，其安装和操作费用更低。活塞举升装置可以装有电缆，对海上井来说，不需要额外的平台空间。

活塞举升也可用于定向井，也可用于已进行间歇气举的井，从而改善井下流体性能，提高开采效率。活塞气举装置在市区不占地方，业已证明使用活塞气举可有效地防止油管结蜡和结垢。

活塞举升最大缺点是不适于大排量高产井，活塞卡住和出砂问题可能造成停产。活塞举升的另一个缺点是在井中可能产生的涌流，从而降低地面装置的效率。

10.3.4 有杆泵

迄今为止，有杆泵是人工举升中应用最广泛的一种。石油工业最早曾用的有杆泵功能与 1500 年以前中国、埃及和罗马使用的水井泵一样。有杆泵主要部件包括：井下泵、从地面向泵传输动力的光杆和给光杆提供往复运动动力的地面抽油机。图 10.11 所示的游梁式抽油机是应用最广泛的一种有杆泵。

井下抽油泵是由在工作筒内进行上下往复运动的活塞组成。活塞上安装有一个单向阀，控制液流由工作筒流入井筒。单向阀又称游动阀，在现在的抽油泵中一般是球座形。第二种为固定阀，固定在泵筒底部，为类似于单向阀的球形阀，控制流体由井底流向泵筒（图 10.12）。

简单的抽油泵工作原理示于图 10.13。工作开始时，活塞在冲程底部处于静止状态，此时游动阀和固定阀都处于关闭状态。液柱把静液

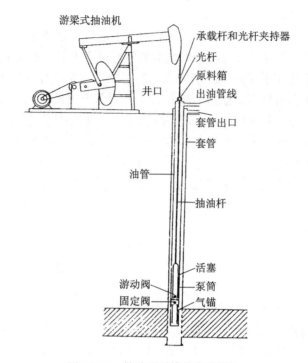

图 10.11　抽油泵系统的主要部件

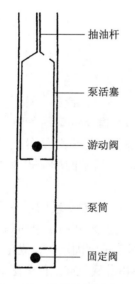

图 10.12　简单抽油泵示意图

压加在油管内的固定阀上。抽油杆上部的光杆和抽油机上的荷载仅为抽油杆的重量。当活塞向上移动时，游动阀仍然关闭，油管中流体负载是从抽油杆获得的，抽油杆的负载来自液柱。因为活塞和泵筒之间压力减小，游动阀和固定阀间压力下降，所以，固定阀打开，使流体从井筒流入泵筒。在冲程顶部，活塞处于静止状态，两种阀门都再次关闭，所以流体荷载仍然由活塞和游动阀承载。假定泵筒此时充满了流体，而流体不可压缩，当活塞开始向下运行时，游动阀就会打开。油管中液柱重量将转移到固定阀和油管上，光杆和抽油机上的负载又只是抽油杆的重量。活塞继续向下运行会使流体从泵筒流入游动阀。活塞回到冲程底部完成循环。

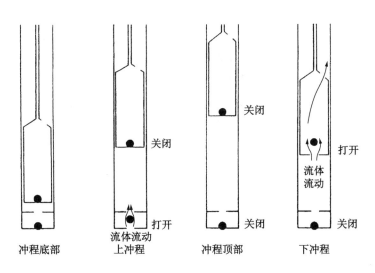

图 10.13　抽油泵工作周期示意图

实际上，这样的光杆负载绝对不可能出现：惯性影响负载，泵工作效率不可能达到100%，摩擦作用可能改变负载，抽油杆在加载时会伸长，涉及的动力会引起变化。但是，在从极浅层井中以长期低速泵入的单相流体中，这种光杆可能出现一种接近的负载方式。用于评价抽油泵抽油性能的实际光杆负载图称为示功图。

10.3.5　井下泵

用于有杆泵抽油的井下泵主要有两种基本类型（图10.14）。第一种称为管式泵，之所以这样命名是因为泵筒安装在油管柱上，连同油管柱一起下入井中，活塞安装在抽油杆上，连同抽油杆一起下入井中。管式泵筒内径比下入的油管内径稍微小一点，使给定的装置有最高的抽油速度。更换管式泵筒需要起出油管。

第二种井下泵称为插入泵，连同抽油杆一起下入油管内和从油管中起出。插入泵1870年以前就研制出来了，但直到大约1920年后才推广应用。因为插入泵可以作为独立的设备起出，所以它比管式泵优先用于深井采油。

最常用的管式泵和插入泵的设计根据API标准进行。某些非API泵设计如套管泵和多级泵在某些特定的井况下也显示有效。

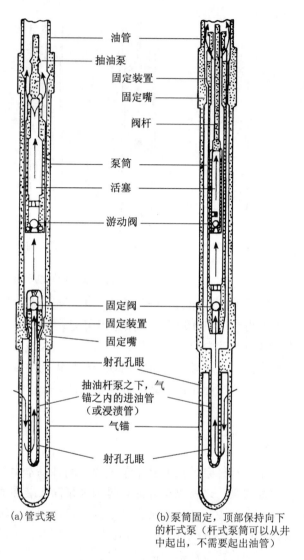

油管
抽油泵
固定装置
固定嘴
阀杆
泵筒
活塞
游动阀
固定阀
固定装置
固定嘴
射孔孔眼
抽油杆泵之下，气锚之内的进油管（或浸渍管）
气锚
射孔孔眼

(a)管式泵　　　　(b)泵筒固定，顶部保持向下的杆式泵（杆式泵筒可以从井中起出，不需要起出油管）

图 10.14　井下泵的两种类型

10.3.6　杆式抽油泵

最早的抽油杆是木质的，通常是由山胡桃木制成的，末端用金属制成。钢管抽油杆大约在 1880—1890 年投入使用，到 1900 年开始普遍使用起来。1927 年首次采用 API 抽油杆标准。

抽油杆制造业冶金术的不断发展提高了抽油杆的强度，增加了其负载量。但即使随着这些发展进步以及直径分段减小的管柱的使用，抽油杆最大下入深度也大约只为10000ft，有些低排量的抽油杆装置下入深度可达13000ft。下到15000ft以下的装置必须用重量轻强度高的材料。目前的技术最大深度可达20000ft。现在有人工玻璃纤维材料用来开发专用抽油杆。

10.3.7 游梁式抽油机

游梁式抽油机为抽油杆柱作往复运动提供动力。冲程长度变化范围可以从不足1ft到80ft。最早利用顿钻钻井，完井后游梁式抽油机通过游梁带动井下泵工作。这些装置结构部件是木制的，轴承为金属。动力由蒸汽机或单缸低速内燃机提供，通过皮带传动来传输。后来有时增加电动机驱动。在这些装置中，有立在井口的井架，用于修井作业的动力装置和大绳滚筒拉绳轮。用于钻井、采油和修井的地面装置相同。这些装置通过改进一直使用到1930年前后。当时，所钻的井为深井，泵承受的负载越来越重，顿钻钻井作为泵在超出其功效范围使用。图10.15示出了利用绳式顿钻的早期游梁式抽油机。

现代游梁式抽油机在20世纪20年代期间取得了很大进步，见图10.16。可有效移动的修井装置避免了每口井需要整体自动吊车，耐久、高效减速装置的开发为游梁式抽油机以轻型原动机进行高速生产铺开了道路。

原动机较高的旋转速度首先通过皮带驱动减速，然后通过减速箱按照要求的冲次带动曲柄旋转。曲柄的旋转运动通过曲柄臂、曲柄销轴承、连杆和平衡装置转换，然后平衡装置的运动由驴头和悬挂柱转换成光杆的线性运动。借助于合适的装置组合，这种运动不会使光杆运动变弯曲。光杆和填料盒为抽油杆和油管之间提供密封，使抽吸的流体进入油管。

图10.15所示游梁式抽油机曲臂上的平衡块是抽油机的一个重要组成部分。平衡块也可置于游梁上或放入汽缸中，其目的是一样的（图10.16）。抽油机可以为游梁平衡，曲柄平衡装置或气平衡装置（图10.17）。

平衡作用的目的可通过研究图10.13所示的抽油杆的运动和理想化的泵工作情况来形象化。在这种简化的情况下，上冲程时光杆荷载是抽

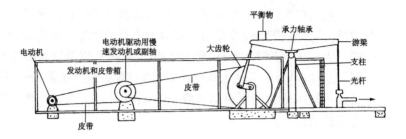

图 10.15　早期的游梁式抽油机

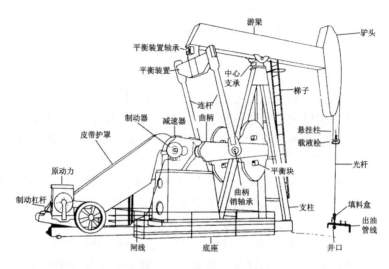

图 10.16　现代游梁式抽油机

油杆的重量加上流体的重量，下冲程时仅为抽油杆的重量。如果没有平衡块，减速箱和原动机上的荷载在上冲程时为一个方向，下冲程时荷载的方向相反。这种荷载是很不利的，会引起不必要的磨损和燃料以及动力的消耗。实际上，所用的平衡块的重量相当于抽油杆的重量加上近一半流体的重量。合适的平衡可能会使减速箱和原动机上的荷载最小，从而降低抽油失败的风险，减少停工期，减少需要的燃料或动力。根据评价结果没有使用合适平衡块的游梁式抽油机浪费燃料或动力达 25%。

10.3.8　其他注复式抽油机

使用有杆泵抽油的所有油井 99% 以上用游梁式抽油机，但是还有一些其他不同类型的有杆泵也有少量的应用。理论上，可以提供光杆柱上

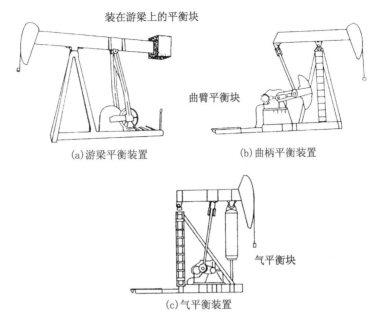

图 10.17　游梁式抽油机平衡类型

下往复运动的任何设备都可用。大约从 1900 年以来采用高压液压泵和采用高压气缸的液压和气压抽油机就已用于带动光杆做上下往复运动。

（1）气动装置。

采用气压抽油机装置，需要在井口设置一个或多个气缸，平衡装置利用压缩空气或天然气（图 10.18）。在这样的系统中，上冲程时，高压气施加到装在动力缸内的活塞的下端，活塞上面的低压气排入销售油品用的管线；下冲程时，高压气施加到活塞上端，低压气从活塞下端排入销售油品用的管线。压力从平衡罐加到外面的两个平衡气缸，平衡抽油杆的重量和一半流体荷载，正如游梁式抽油机中一样。平衡气缸顶部排空。冲程在顶部和底部时动力缸活塞上的压力通过附在活塞杆绳上的换向杆带动随动阀进行转换。这类装置特别适合井口压力比销售油品用的管线压力大得多的气井抽水，气动装置能够提供工作动力。此外，在大多数装置中，这些装置没有动力消耗，因为它们利用套管头和销售油品用的管线之间的压差作为动力来源。

（2）液压装置。

在 20 世纪 40 年代末，冲程长度在 20ft 以上的液压抽油泵投入使用（图 10.19）。与早期最大冲程 10ft 的游梁式抽油机相比，这些新装

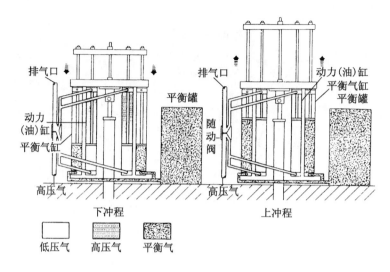

图 10.18　气压抽油泵装置

图 10.19　长冲程液压抽油泵

置工作平稳,抽油杆很少发生反转,提高了压缩比,降低了气锁效应。然而,由于其初次投资成本高,而且现在25ft冲程的游梁式抽油机已投入使用,因此长冲程液压抽油泵失去了有利条件,不再继续使用。

(3) 电缆绞车和齿轮起重装置。

很多其他类型的有杆抽油机也在一定范围得到了使用。电缆绞车抽油机（图 10.20）可在长达 40～80ft 冲程下使用，能降低动力荷载、抽油杆反转、气锁和动力消耗。这种装置可用于深井泵作业。另一方面，齿轮起重装置现在只用于浅层抽油作业。

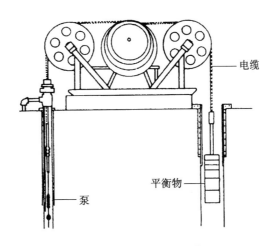

图 10.20 一种电缆抽油装置

尽管有很多种不同的有杆抽油泵装置，但是，游梁式抽油机为首选，因为它具有稳定、简单、灵活和易于操作等特点。虽然现代游梁式抽油机的基本操作原理与最早的抽油机相同，但通过技术改进已日益成为采油装置中有效的组成部分。

10.3.9 优点和缺点

(1) 优点。

有杆泵由于其广泛应用已为大多数操作人员和维修人员所熟悉。它可用于产能变化范围大的大多数生产井中，以有限速度在有限深度开采直到最后开采衰减。有杆泵抽油装置非常稳定可靠，而且通过几种不同的方式比如观测、示功图和测井，可以比较容易对抽油结果进行分析。

采用有杆泵可以采出高温或高黏原油，并且很容易处理腐蚀和结垢问题。有杆泵可由电力或燃气驱动，电驱动容易适应定时循环和抽吸控制。还有，有杆泵抽油机残损价值低是保持低成本生产作业的另外一个优势。

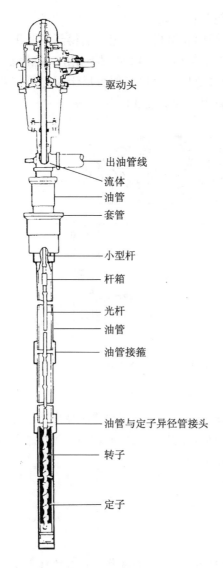

驱动头

出油管线
流体
油管
套管

小型杆
杆箱
光杆
油管
油管接箍

油管与定子异径管接头

转子

定子

图 10.21　螺杆抽油机

（2）缺点。

有杆泵装置的缺点：该装置不适合于斜井眼作业，作业的体积和深度受到设计的抽油杆重量和强度限制。产出液中砂、蜡含量高和高气油比会降低该装置的效率。

该装置的某些物理性质也可能阻碍它们的应用。它们高大的结构在市区很显眼，又妨碍农场中心枢纽灌溉机器运转。其重量和体积大，可能阻碍其在海上平台使用。对于井下设备修理而言，使用起出装置也会增加一些麻烦。

10.3.10　旋转泵

螺杆抽油机在石油行业中是一种比较先进的抽油机（图10.21）。该系统转子由镀铬钢组成，外部呈螺旋状。转子在定子中转动，定子是由弹簧与两个用内螺纹连接在钢套内的结合体。通过与地面垂直的转子电动机带动轴旋转使轴伸长到规定长度保持轴的张力，使井筒中的液面上升（图10.22）。

与往复游梁式抽油机相比，这种抽油机的优点在于动力费用较低，更容易抽出黏稠流体，能更好地处理含砂流体，距地面较近，在农村和城镇使用都比较理想。

该装置的缺点是作业深度受弹簧耐温的限制，一般不超过 4000ft，在良好的技术状态下产能上限约为 400bbl/d。因此这种抽油机在石油工业中使用比较少。

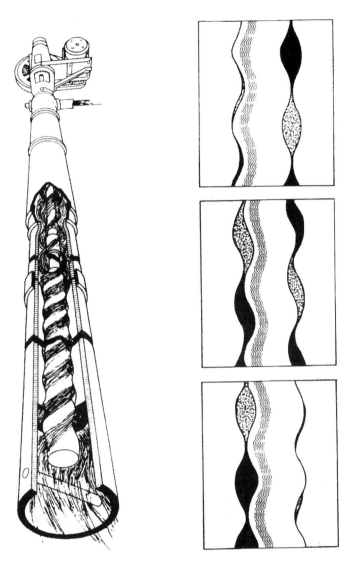

图 10.22　空腔式抽油机

10.3.11　液压抽油泵

液压抽油泵与有杆泵抽油机相比是较新的。这种抽油机是由
C.J.Coverly（神户公司）在 20 世纪 30 年代初引入石油工业的。这种

装置所用的井下泵与有杆泵抽油机所用的泵类似，但是抽油作业是由直接耦合式水力机完成的，而水压机由地面泵入的高压油（压力高达5000psi）提供动力。

最早的液压抽油泵是内插型的，将其下入小直径动力油管柱上的生产油管内，见图10.23。这样，液压抽油泵以类似于抽油杆内插泵固定方式固定在油管底部。液压机中的流出物与井中不断抽出的流体混合，然后通过油管采出来。由于动力油管中动力油静压头等于抽油管中油的静压头，因此所用的动力仅为抽出井中流体和克服摩擦力所需要的动力。同时产出的气体可通过套管排出，正如有杆泵抽油机一样，泵下可安装气锚以利于气体分离。泵和发动机规格限制了开采速度与可在抽油管中运转的泵速之比。

通过使用常规套管装置，可以下入较大的液压抽油泵，对相同的套管来说可以抽出较多的流体（图10.24）。在该装置中，动力油和产出液被抽到动力油管进入井下液压泵，然后与从套管柱抽到地面的新产出液

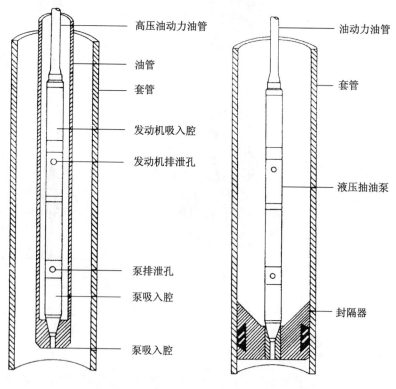

图 10.23　内插型液压抽油泵　　　图 10.24　套管液压抽油泵

混合。

这套装置的缺点是产出气必须经过泵，因此套管完全与产出液接触。对于常用套管和油管泵来说，为了维修抽油机，必须从井中起出油动力油管。

1950 年，出现一种液压泵装置克服了维修抽油机时必须起出油动力油管的缺点。这些所谓的自由泵装置是通过以与抽油泵相同的方式施加的液压向下抽液，而通过改变液压动力油的流动方向而解除这种抽吸（图 10.25）。这种装置的发动机和泵与常规液压抽油泵的基本相同，但是坐放短节和底座封隔器不同，自由泵有一个在顶部装有

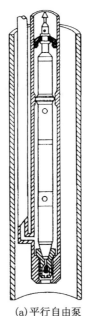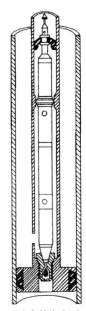

(a)平行自由泵　　(b)套管自由泵

图 10.25　自由液压抽油泵

两个抽汲皮碗的抽汲装置。这些抽汲皮碗在修井作业时可以提供定向压封。在井的深处或斜井顶部抽汲皮碗是逆向的以便修井时提供压封。如果修井时该装置不能按正常方式抽空，抽汲皮碗端（swab nose）部有一个为取出电缆准备的打捞颈以供使用。

10.3.12　井底抽油泵

自从出现神户液压抽油泵之后，很多公司已研制出了各种设计造型的液压抽油泵。其所有部件如下：

（1）汽缸内往复运动的泵活塞；

（2）泵的固定阀和游动阀；

（3）直接与泵活塞相连的发动机活塞；

（4）改变液压动力油的换向阀。

一种井底抽油机设计为只在上冲程起作用的单冲程泵活塞和发动机活塞（图 10.26），另一种井底抽油机设计成双冲程泵活塞，可减少动力需求，通过前后排列的两个串列泵可增大抽油量，复合泵可提高压缩比，前后排列的两个串列发动机活塞可增加动力。还有很多不同的井下

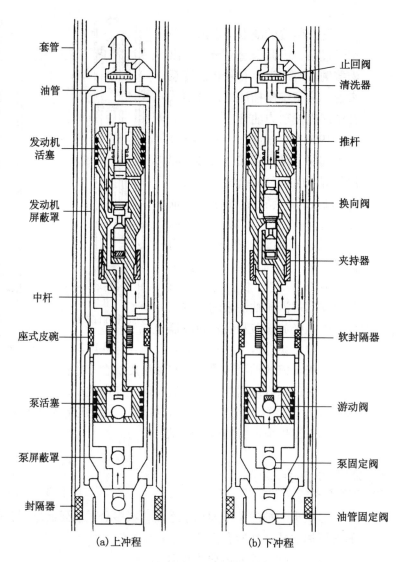

图 10.26　另外一种自由液压抽油泵

（a）上冲程　　　　（b）下冲程

装置组件使这些装置适合不同的井下条件（图10.27）。

10.3.13　地面处理和抽油设备

（1）动力油系统。

①开式装置。

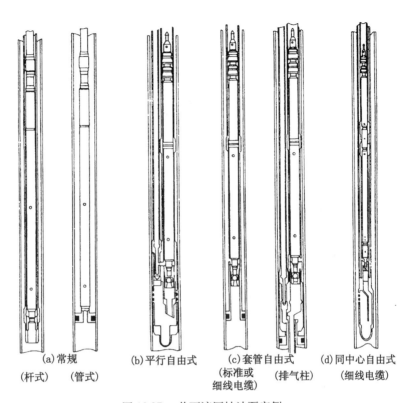

(a)常规

(杆式)   (管式)   (b)平行自由式   (c)套管自由式   (d)同中心自由式

(标准或 (排气柱) (细线电缆)
细线电缆)

图10.27 井下液压抽油泵实例

目前使用的大多数液压抽油泵都采用开式动力油系统，利用产出的原油作为液压流体（图10.28），所用井口装置适用于最常用的井下装置。动力油罐有一个气体缓冲压力管和分流器，可减少搅动，促进固体沉积。动力油活塞泵从油罐顶部吸入原油以确保泵入可能最干净的原油。一般通用的液压抽油泵的动力油最大固体污染物标准如下：

总固体量不大于20mg/L。

每1000bbl油中含盐量不大于12lb。

固体颗粒不大于15μm（少量）。

②闭式装置。

当处理乳状液时，开式装置不容易保持干净的动力油，可能要用闭式动力油装置。该装置能再循环干净流体、油或经过处理的水。闭式动力油装置比类似的开式动力油装置需要的油管柱多。典型的动力油装置如图10.29所示。

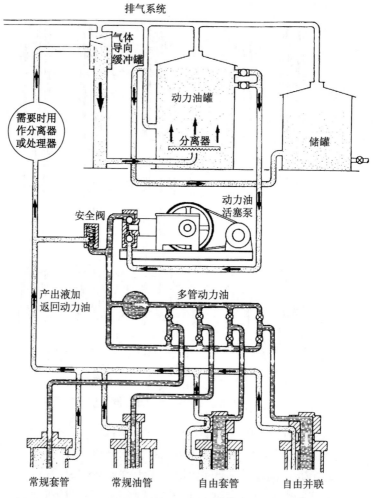

图 10.28　用于液压抽油泵的开式液压动力油系统

（2）动力油泵。

用来为液压抽油泵提供动力的高压容积动力油泵一般安装有金属—金属活塞和汽缸衬筒，汽缸衬筒的大小可以改变，以便达到液压抽油泵所要求的容量和压力。这种抽油泵一般可为几口井提供动力油。厂商可提供五种不同规格的动力油泵，输入功率为 30 ～ 250hp（1hp=735.499W），可在压力高达 6000psi 下工作。对每种泵有多达七种不同的衬筒组合可供选择。

（3）液压喷射泵抽油机。

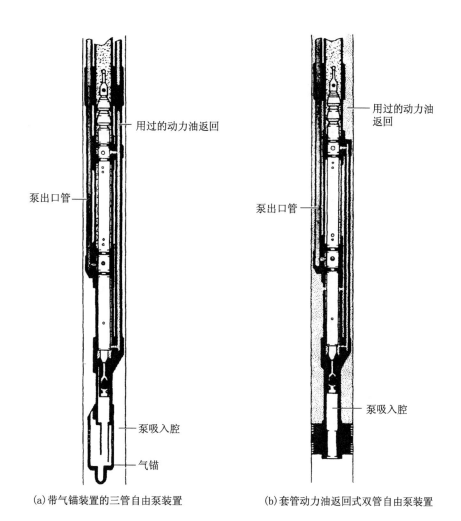

用过的动力油返回

泵出口管

泵吸入腔

气锚

(a)带气锚装置的三管自由泵装置

用过的动力油返回

泵出口管

泵吸入腔

(b)套管动力油返回式双管自由泵装置

图10.29　用于井下液压抽油泵的闭式液压动力油系统

正在广泛应用的一种特殊液压抽油泵是液压喷射抽油泵。它一般作为套管型活动式泵下入，只需要一个油管柱，无气体排泄（图10.30）。

液压喷射泵抽油机主要运动部件包括喷嘴、喷口和分散器。喷嘴把动力液的高压低速能转换成高速低压能。然后，动力流体与低压泵吸入流体在喷口混合，产生低压流，低压流速度比喷嘴出口速度低但仍然是高速的流体。

然后，混合流动能转换成分散器中的静压能以提供举升井中流体需

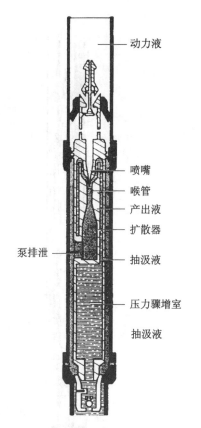

图 10.30　自由套管液压喷射抽油机

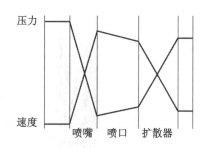

图 10.31　液压喷射抽油机的压力和速度剖面

要的能量（图 10.31）。动力流体可以是油或水。

喷射抽油泵对抽出的流体质量敏感而不是体积。这使它能够处理少量气体。喷射抽油泵对入口压力的变化也很敏感，在要求的开采速度下，必须了解入口压力的变化以选择有效的喷嘴和喷口组合。泵挂深度、入口压力、开采速度和动力流体速度与动力流体压力之间的关系是如此复杂，因此喷嘴和喷口大小的确定一般由计算机完成。

（4）优点和缺点。

①优点。

液压泵的优点是在井眼偏斜时对井眼位置具有较强的适应性，在井况发生变化时具有很好的灵活性，对多井装置具有一定的有效性。使用有杆泵抽油受到深度和抽出流体体积的限制，而使用液压泵不存在这些局限性。

开式液压抽油泵安装也不难，而且装置不显眼，低矮的外形使它们可用于市区；可由电或气提供动力。由于采用活动式泵，修井或更换井下装置时不需要起油管装置。

②缺点。

使用液压抽油泵也不是没有缺点。产出液中高含砂量或其他磨蚀物质可能会给生产带来困难。同样地，由于腐蚀作用，可能需要使用闭式动力油装置，这样会增加成本。高压可燃动力油可能存在安全问题，采出高气油比流体甚至可能需要增加油管柱。在设计液压泵时必须避免出现气穴现象和部分真空现象。

液压抽油泵原始成本偏高，特别是因为操作和维修人员必须进行专门培训。液压抽油泵成本高，而且故障率大约是有杆泵的两倍，因此采用液压抽油泵并非总是最佳选择。

10.3.14　电潜泵

多级离心电潜泵是由 Reda 抽油泵公司在 20 世纪 20 年代末将此作为一种人工举升装置引入石油工业的。因为当时其他几个公司已研制出了油田用电潜泵。现在这种泵有各种规格、功率和电压可选。在常规装置中，泵装置和电马达通过生产油管下入井中。电动力通过连接在油管上的电缆进行传输（图 10.32）。

（1）井下装置。

在一般电潜泵装置中，井下装置由电动机、多级离心泵和电缆组成（图 10.33）。电动机是便于冷却和润滑的充油式三相感应交流发电机。当泵挂在产层以上时，井中流体将热量从电动机周围到气体分离器和泵吸入腔处携带走，从而达到冷却目的。这种电动机转速一般在 3500r/min，电源为 60Hz 或在转速为 2000r/min 时，电源为 50Hz。它们可有很多规格选择，范围从几马力到 700hp 以上。对给定规格套管电动机的可能最大功率列于表 10.1。为了最佳选择电动机、电缆和开关设备组合，电动机电压的变化范围可以从 300V 到 3000V 以上。

保护套是为电动机罩内所充油与井筒之间压力均衡以便允许油热胀冷缩设计的。机械密封防止井中流体流入电动机罩或油流出电动机罩。

所用电缆为铜导线，是为油井应用专门设计的，规格从 1 号到 8 号，可根据电流和电压降选择，电压降一般限制在 30V/1000ft。标准电缆由镀铜导线、聚丙烯—乙烯绝缘体、腈纶封套和镀锌或蒙乃尔合金组成的铠装电缆，在 1500psi 条件下耐温 205℉。压力下降，耐温上升。现已有 1500psi 条件下耐温达 400℉ 的电缆，价格比较昂贵。据认为标准电缆在 167℉ 下使用寿命为 10 年，温度每增加 16℉ 预期寿命减半。I5 是电缆温度极限，其电潜泵下入深度大约为 10000ft。一般电缆是圆形的，但方形电缆在间隙空间要求使用这种电缆的地方已有应用。

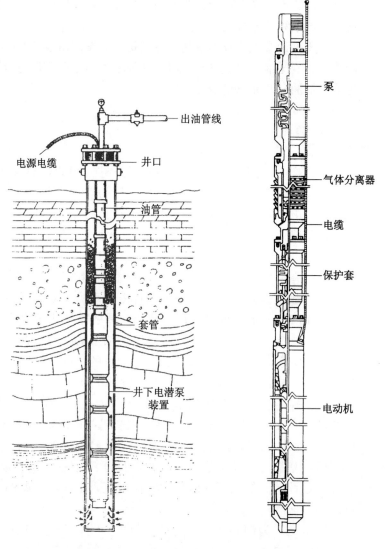

出油管线

电源电缆

井口

油管

套管

井下电潜泵
装置

泵

气体分离器

电缆

保护套

电动机

图 10.32　井下电潜泵　　　　　图 10.33　电潜泵装置剖面图

表 10.1　各种规格套管的最大功率

套管外径规格（in）	60Hz 下的最大功率（hp）
4 ½	127.5
5 ½	240
7	600
8 ⁵/₈	720

（2）地面装置。

典型的电潜泵抽油系统的地面装置由支持油管的井口装置、井下装置、提供油管和电源电缆周围密封的部件、提供井下和地面电缆之间抗风化连接的接线盒、开关装置和三相变压器组组成（图10.34）。开关装置按单个情况进行设计。传动装置抗风化，可能还有磁力启动器和过载保护、记录安培计、信号灯、定时循环控制器或自动遥控设备。还提供了电源波动保护器。

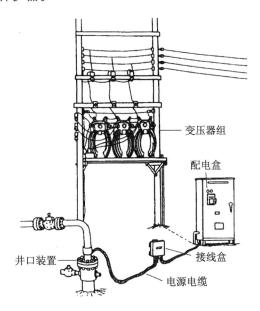

图 10.34   电潜泵抽油机地面安装

变压器组的设计功能是把配电系统电压转换成地下所需的电压。变压器可以增加电压或降低电压，通常与避雷针和电容器装配在一起防止电动机因电压波动而损坏。

（3）应用。

电潜泵一般用于类似于水井的大排量高含水井。大多数装置用于开采速度超过 1000bbl/d 的井，其原因如下：

①与其他人工举升装置相比，可为油井套管泵传递较大的功率；

②离心泵可能比油井套管容积式泵有更大的速度；

③其他装置一般在低开采速度下较经济。

图 10.35 所示的常规装置只适用于安装在产层以上的泵。如果同样的这种离心泵（图 10.36）安装在产层以下的装置中，那么电动机周围

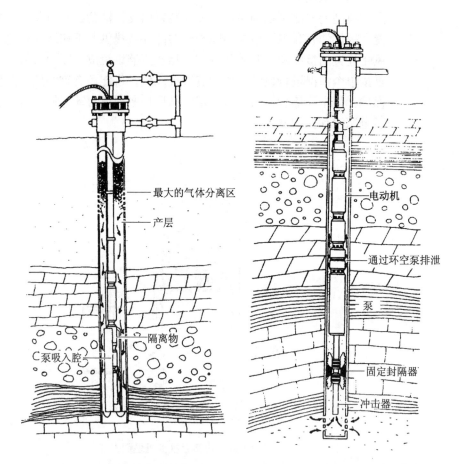

最大的气体分离区

产层

隔离物

泵吸入腔

电动机

通过环空泵排泄

泵

固定封隔器

冲击器

图 10.35　隔离的电潜泵装置　　　　图 10.36　带封隔器的电潜泵装置

就没有可供冷却的流体。产层以下的泵装置需要降低井筒压力至足够低水平，以提供需要的流入量或确保高气油比井底的最大分离气量。这种装置的电动机周围，通过在井底装置的泵吸入腔、保护套和电动机吸入腔周围放置隔离物可以实现流体流动。除了隔离物，整套装置与常规装置没有两样。隔离的泵不能用于外径小于 5 ½ in 套管。与泵吸入腔相连的气体分离器吸入腔用作分离井液中大部分游离气体。

　　当借助于其他人工举升装置时，必须提供套管出气口，而且，与其他系统一样，在小的空间里，从流体中分离气体的分离效率不能达到100%。具有开式叶轮入口的多级离心泵不易发生气锁，但注入气体会降低泵的总效率，增加抽油费用。

　　根据流速和压头的要求，电潜泵装置的泵腔组成可能从一个到几百个离心泵级。一般来说，与容积泵相比，单级离心泵在较低排泄压力下能提供较高流速。因为单级泵产生的压头取决于叶轮的直径，所以小套管井底离心泵的每级压头受到很大限制。举升深部流体需要多级泵。小套管中这种泵的效率大约是40%，大套管中几乎可达80%。用耐常见流体腐蚀材料制成的泵已经问世。

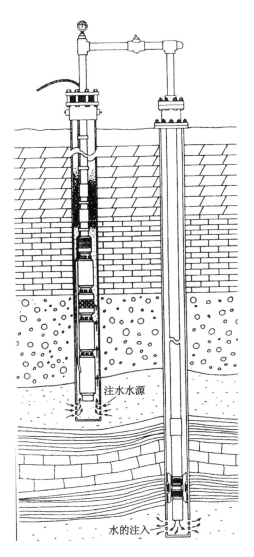

图 10.37　注水提高采收率作业的生产—注入系统

10.3.15　电缆泵

当由于油管摩擦损失或泵径限制，套管的大小不能够满足所需要的产量时，采用井底吸入配置。在这种配置中，泵和电动机是反向的，利用装置底部的插入管吸入流体。这种装置最常用于外径为 4 ½in 或 5 ½in 厚壁套管井。

随着回压不断增加，大容量和不断降低的流速使电潜泵适合于很多封闭注采系统的注水项目（图 10.37）。大多数油藏在开发初期采用低注入压力下高速注水开发。当油藏充满水后，注入能力下降，注入压力增大。

10.3.16　悬浮电缆电潜泵

对上文所述的电潜泵装置而言，维护井下装置时都需要起出油管。最新研制的悬浮动力电缆电潜泵可以通过电缆起出或下入，它位于油管底部套管鞋中或无油管完井的封隔器中。井底装置通过井口固紧的辊子定位，当动力电缆受到张力时辊子放松。悬浮动力电缆电潜泵装置可能是为拉伸荷载超过 100000lb 设计的动力电缆而研制的。铠装层是逆时针缠绕以防扭曲的两层高强度钢电缆。这种装置比以前描述的常规装置成本高，但在某些特殊情况必须使用。

表 10.2 和表 10.3 显示了人工举升的各种类型的对比和局限性。

表 10.2　人工举升对比

项　目	电潜泵	液压活塞泵	液压喷射泵	气　举	电缆泵
资本成本	3	2	2	5	1
系统效率（%）	50 ~ 60	30 ~ 40	10 ~ 20	5 ~ 30	50 ~ 80
操作成本	1	3	4	4	2
可靠性	3	3	3	4	4

低 —→ 高
1　　　5

表 10.3 人工举升局限性

项　目	电潜泵	液压活塞泵	液压喷射泵	气　举	电缆泵
海上应用	好 不需要地面装置	好 如果有电源空间	好 可用产出水作为动力液	非常好	好 如果有起出装置
出砂处理应用	出砂少于200mg/L	出砂少于200mg/L 电源少于10mg/L	出砂达3%电源达200×10^{-6}/25mm	没有问题	达5%没有问题
装置温度（℉）	325	500	500	350	250
速度（低下）(bbl/d)	250～50000相当好	100～5000好	100～15000相当好	50～50000好	50～2000好

10.4 试　井

为了规划最经济的采油作业，在所有油气井中，都要按有规则的间隔进行试井。

在油井试井过程中主要的指标包括采油速度、气油比、原油密度、污水产量（总产液的百分比）和原油中沉淀物和水的含量（BS&W）。显然，采油速度是最重要的指标。

气油比（GOR）是采油效率的重要指标。如前所述，油藏中气体的存在通常可增加最终采收率。因此，低气油比一般表明采油方法有效，而高气油比常常表明采油方法效率低。事实上，政府调控机构对气油比常常有一个"可允许的"限制性范围，并要求定期报告气油比试验结果。特定管理机构所允许的某一特定油藏的高气油比生产井数（也就是采出的油气量）正在减少。

原油密度十分重要，因为原油售价受其密度左右。美国石油学会确定的一个权威量度标准称为"API 重度"，API 重度是常用的重度度量。API 重度与一般相对密度的关系按照下面的公式计算：

$$°API = \frac{141.5}{相对密度} - 131.5$$

正如这个公式所表示的，API 重度为 10°API 的原油，其相对密度为 1，与水的相对密度相等。

API 重度和气油比可以通过改变油气分离器的工作压力而改变。增加分离器的工作压力，API 重度增大，因为更多的气体溶入油中并且降低气油比。

如果使用多个油气分离器，气油比可以进一步增加，API 重度也相应地增加。多级分离方法对 API 重度较高的原油（通常大于 35°API）特别有效。利用这种方法也可提高原油产量，因为有些气体在原油中呈液态。安装多级分离设备有时可将最终采收率提高 5%。

控制污水采出量的重要性不仅因为产水成本高，而且因为污水产出后的处理还需要高额的处理费用。此外，油藏中地下污水的采出会使地层压力降低，这是不希望的结果。由于这些原因，污水采出量应控制在最小范围内。

在大多数原油中都存在沉淀物和水（BS&W）。正如这一术语的名称所指出的那样，BS&W 是原油、水和沉积物形成的乳状液。大多数原油购买者规定的他们能够接受的最大 BS&W 量一般很小，要小于 1%。

11　地面设备

如果你曾经驱车经过油田，你无疑会注意到在油矿周围有许多各种设备。这些设备称为地面设备，大多数设备与控制油井开采速度和当油气举升到地面时对其进行处理有关。下面我们介绍这些设备并了解其作用。

11.1　井 口 装 置

井口装置由井筒顶部的铸钢或锻钢管组成，用以控制油井地面压力（图 11.1）。这些钢管经过专门加工，衔接非常紧密，形成的密封可防止油井中的流体在地面渗漏或井喷。在井口装置中装配一些最厚重的接头使压力保持高达 30000psi，其他的井口装置只是支撑油井中的油管，可能不需承受那么高的压力。

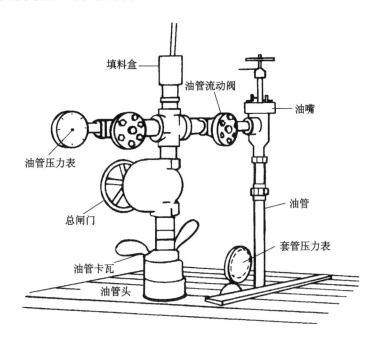

图 11.1　装配简单井口装置的抽油井

井口装置由几个部分组成，其中有套管头、油管头和采油树（图11.2）。

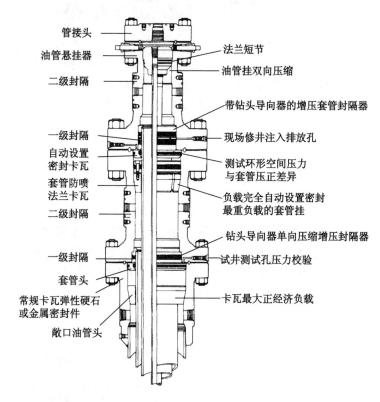

管接头
油管悬挂器
二级封隔

法兰短节
油管挂双向压缩

带钻头导向器的增压套管封隔器

一级封隔
自动设置
密封卡瓦
套管防喷
法兰卡瓦
二级封隔

现场修井注入排放孔

测试环形空间压力
与套管压正差异

负载完全自动设置密封
最重负载的套管挂

一级封隔
套管头
常规卡瓦弹性硬石
或金属密封件
敞口油管头

钻头导向器单向压缩增压封隔器
试井测试孔压力校验

卡瓦最大正经济负载

图 11.2　井口组件（Gray Tool 公司授权）

11.1.1　套管头

钻井完毕，就要往井筒中下套管，必须在地面安装重型接头固定套管。套管头就是起这种作用的装置。该装置装有卡瓦或其他夹紧装置来支撑套管重量。整个装置将套管密封，防止流体从其中流入或排出。

气体出口通常起到降低套管柱内或管柱间所聚集的气体压力作用。有时当该井通过套管生产时可利用这些出口。

钻井和修井作业期间，套管头用于固定控压装置。当连续钻井而且后续不断增加新的套管柱时，接头、封隔器和法兰可用来适应不断变小的套管柱。这意味着每次在井中下新套管时，防喷器必须拆卸重新安装。当安装更多的法兰和四通时，它们组成固定井口装置的一个完整部分。

11.1.2 油管头

油管头的设计有三个目的：
（1）支撑油管柱；
（2）密封油套管环形空间的压力；
（3）连接地面装置控制液体或气体的流动。
油管头悬挂在套管头上，油管头的结构因压力不同而不同。为了有利于修井，设计了很多种油管头，易于拆卸和再装。

11.1.3 采油树

对预计的高压井在完井之前，在套管头或油管头上要安装专门的重型阀门和控制装置。这些阀门控制井内油气流，通常称为采油树。

压力表是井口装置和采油树装置的一部分，用来测量套管和油管压力。这些压力信息使工作人员能更好地控制油井生产。

砂有时随同流体从井中一起产出，这些磨蚀性细颗粒会磨损阀门、配件和油嘴。

总闸门是在紧急情况下关闭油井的关键装置，因此它必须保持在完全可靠的状态。习惯做法是只有在非常需要时才使用以防止它被砂粒磨损。

11.2 分离方法

井中流体是液态烃、气、水和一些杂质的混合物。原油在储运和销售之前必须除去水和杂质。天然气在进入销售管线之前同样必须除去液态烃和有害物质。几乎所有杂质都会引起各种作业问题。

天然气和液态烃通过各种现场处理方法进行分离。这些方法包括定时方法、化学方法、重力方法、加热方法、机械方法、电化学方法和以上这些方法的综合应用处理。

分离器是从自由流体分离出气流的设备。分离器的大小取决于进入处理罐的天然气流或流体的速度。处理罐的工作压力取决于售气管压力、井底流压和矿场租用者想要的工作压力。

按不同的设计制造出的分离器包括立式、卧式和球形三种。有些分离器是两相型，就是说它们将产出物分成原油和天然气（图11.3）。其

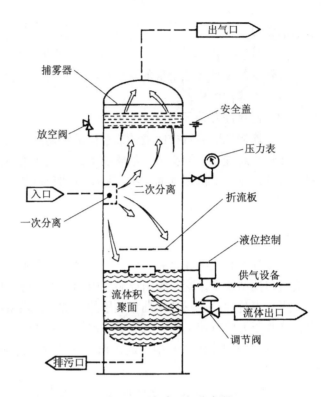

图 11.3　立式两相分离器

他分离器属三相型，即把产出物分成轻质油、原油和游离水。三相分离器比一级分离器更理想，可增加流体回收率。

当天然气离开分离器时已不含游离流体，天然气中可能含有大量的水蒸气。高压下天然气中的水蒸气会形成天然气水合物，这样可能会引起严重的操作问题。当水合物在集气管或配气管内形成时，可能导致管线全部或部分堵塞。

11.3　处理方法

11.3.1　天然气脱水

有以下几种方法有助于防止管线中形成水合物：

(1) 加热气流，使气温不致降到形成水合物的程度。

（2）在天然气中加入抗冻剂如甲醇或乙二醇。

（3）利用乙二醇脱水器除去水蒸气，乙二醇脱水器由立式压力容器（乙二醇吸收剂）组成，当气体向上流动时，可使乙二醇向下流动。

（4）利用干燥剂脱水，如氧化铝、硅胶、氧化硅铝珠或分子筛。

（5）利用换热器使气体膨胀或冷冻。

进入销售管线的大多数脱水天然气中每一百万立方英尺天然气含水蒸气不大于7lb。

天然气中的其他有害杂质包括硫化氢和二氧化碳。这些杂质可以通过化学反应、物理溶解或吸附作用除去。所用的方法取决于要购买天然气的公司对天然气杂质的纯度要求。

11.3.2 原油处理

原油是与油混合在一起的数量不同的气、水及其他杂质一同开采出来的。在原油销售之前，必须将这些杂质分离。分离的过程称为原油处理，原油处理系统是矿场设备的重要部分。

处理系统的选择取决于以下几个因素：

（1）乳状液的稳定性；

（2）原油和产出水的密度；

（3）油气和产出水的腐蚀性；

（4）产出水结垢趋势；

（5）流体处理量及流体中水的含量；

（6）售气管线目前结垢程度；

（7）设备要求的操作压力；

（8）原油结蜡趋势。

乳状液是流体的混合物。通常是油包水乳状液；但有些是水包油乳状液，或"反向乳状液"。为了使原油乳状液破乳，分离出纯净原油，必须置换乳化剂及其乳化层。这样使水凝聚成较重的液滴，从而从油中沉降出来。

11.3.3 水处理

最常用的一种水处理器是热处理器（图11.4）。热处理器利用加热法、密度法、机械法，有时利用化学或电子方法破乳。热处理器可以是

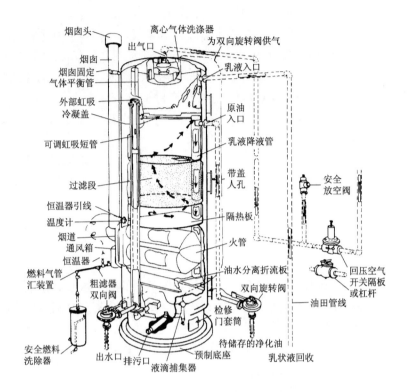

烟囱头
出气口
离心气体洗涤器
为双向旋转阀供气
烟囱
乳液入口
烟囱固定
气体平衡管
外部虹吸
冷凝盖
原油入口
可调虹吸短管
乳液降液管
过滤段
带盖人孔
恒温器引线
温度计
隔热板
烟道
火管
通风箱
恒温器
油水分离折流板
燃料气管汇装置
粗滤器
双向阀
双向旋转阀
安全放空阀
回压空气开关隔板或杠杆
油田管线
安全燃料洗除器
出水口
排污口
液滴捕集器
预制底座
待储存的净化油
检修门套筒
乳状液回收

图 11.4   立式热处理器流程图

立式或卧式，大小取决于处理的油水体积。其主要作用是加热水，有助于破乳。

其他处理器包括那些带有电极的处理器，有时称为静电聚结器或电—化学处理器。这种处理器的好处在于它们可在低温下工作，节省燃料以及克服原油重力所消耗的能量。

11.3.3.1   游离水分离器（FWKO）

这种设备用来分离游离油和乳状液中的游离气和游离水（图 11.5）。其大小取决于需要的停留时间和每天处理的水量。当使用游离水分离器时，采用定时法、密度法、机械法来加速分离，有时也采用化学方法来加速分离。

当必须加热破乳时，利用游离水分离器可节约大量的燃气。不必要地加热水会增加成本。

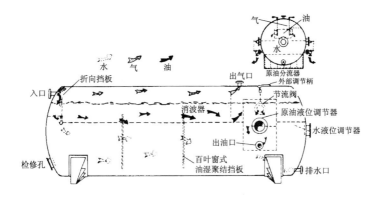

图 11.5 带原油分流备件的游离水分离器

11.3.3.2 油水分离罐

有时油水乳状液不稳定，给予足够长的时间，水可以沉降到罐底，油上升到罐顶部。利用沉降罐的这种方法称为油水分离罐法或分离罐法（图 11.6）。尽管油水分离罐设计各有不同，但是一般必须足够高，使纯净的油能够依靠重力流入油罐，水通过罐底含水区排除。

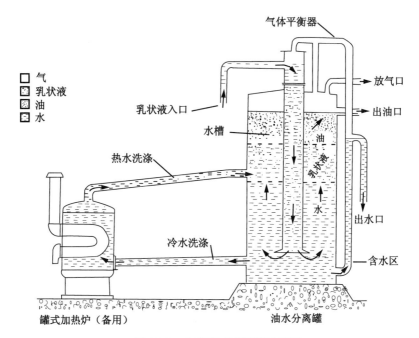

图 11.6 分离罐或沉降罐示意图

11.4 储 油 罐

如果原油足够洁净，符合输入管线要求，它就可以送入储油罐，有时储油罐又称为油罐。分离装置、处理装置和储存设备这一整套设备称为选油站。

有两种基本的储罐：螺栓金属储罐和焊制金属储罐。螺栓金属储罐体积通常是 500bbl 以上，就地装配。焊制金属储罐大小从 90bbl 至数千桶，在船上焊制，然后作为一个完整的设备运输到目的地。焊制罐可以在内部涂上涂层以防腐蚀，螺栓罐提供了内部衬套备件或电镀结构以防腐蚀。

原油在加压下处理后，进入常压油罐时，有些液态烃闪蒸或转换成气体。过去，闪蒸气体或蒸气排入大气，现在政府部门坚持要求蒸汽回收以减少空气污染。

蒸汽回收设备由安装在罐上控制压缩机的控制导阀、防止液态烃进入压缩机的洗涤塔、压缩机和控制面板组成。启动电动压缩机仅需 1oz（1oz=28.35g）气压，大约 1/4oz 气压就可自动关闭。

11.5 产油量的计量

现场操作人员必须测量矿区油气井的真实油气产量，以检验矿区供给油气的真实可信度。为了进行最佳控制，矿场工作人员或计量员通常要在 24h 内定期校验或计量产出的油、气和矿化水。当罐中原油输送或流入管线和油罐车时，油量通过计量交付前后罐中油的高度来测量。对原油进行测试以确定原油密度，因为原油价值随密度大小而变化。此外还要测定原油温度及其杂质含量和水的百分含量。

有时用原油计量罐而不用油罐进行测试。这样，矿场上所有油井产油量都可用矿场油罐测量，一口井单独用一个计量罐或测试罐测量。国家调控部门要求定期检测。这些测量结果可以为作业人员保持油井和地下油藏有效工作提供指导。

11.5.1 油罐量测

在选油站投入使用之前，要测量储罐的尺寸。就是说测量油罐的大小，可以计算油罐每段所装原油的体积。根据罐中原油的高度按标准表格计算罐中所装原油的体积称为油罐计量表。

11.5.2 计量

当气体通过油水分离器时，由孔板流量计测量。原油分离后直接流入油罐，操作者测量罐中原油的高度。为了测量或计量罐中原油的液位，计量员把带测锤的钢卷尺下入罐中直达罐底，然后缩回卷尺。卷尺上油湿最高点表示罐中原油的高度或液面。这个值与油罐计量表对照，计量员就可以确定罐中原油（或油和水）的体积。

自动油罐计量装置是另一种计量装置。这种装置机架内有一根计量钢丝绳，绳的末端带一个浮球。罐中原油液位不变。漂浮在罐顶的钢丝绳通过读数盒垂露在外面。作了记号的钢丝绳显示罐中油的高度可通过盒中玻璃视窗读出。

在油罐中的油流入管线之前，管线计量员要对油罐进行最终计量或计量罐中原油顶部的液位，矿场工作人员负责监视管线计量员对原油的计量以确保测试准确可靠。管线测量原油体积、罐底杂质和含水量、温度及°API。这些测量数据记录在输油管线双方签字的收发油单据上。

11.5.3 密闭式自动计量输送系统（LACT）

密闭式自动计量输送装置通常称为自动计量装置，测量的是销售和输送至输油管线的原油。这大大减少管线计量员的工作量；但是，计量员必须定期校正设备并坚持核对计量结果。

除了密闭式自动计量输送装置外，还有其他电控装置也广泛用于控制和监测生产。这些装置包括自动检测系统、自动防故障装置、传感器、运行记录钟和报警装置。只要适当检查和维修，自动系统可提高地面设备系统的生产能力。图11.7为矿场原油自动交接总流程图。

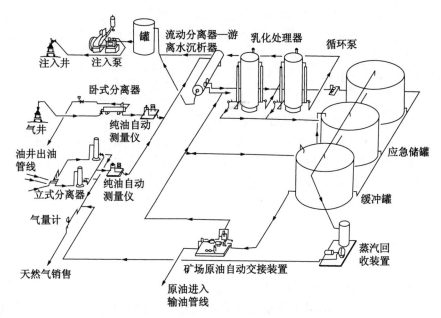

图 11.7　矿场原油自动交接总流程图

12 生产问题和修井作业

12.1 生产问题

在生产期间可能出现的所有问题中，最突出的三个问题是设备故障、井筒问题和产出地层水处理。有时候，这些问题会导致停产修井作业。下面介绍这些常见的生产问题，了解更多有关的知识。

12.1.1 设备故障

设备故障可能是最常见的生产问题。例如，抽油杆可能断在抽油井中，这时需要采用一种专用设备，这种设备称为修井机或作业机，将其安放在井口从井筒中起出抽油杆，使该井恢复生产（图12.1）。作业机一般装在卡车上，如果是用于深井的很大的作业机，则安装在拖车上，并且有专门的作业人员。如果该井没有悬臂起重机（事实上近年所钻的

图 12.1　从井下起出断裂抽油杆的修井装置

大多数井都没有），则这种装置包括了从井筒中取出抽油杆的井架和绞车。

另一个常见的生产问题是深井泵故障，大多数情况下是由于泵的一个或多个运动部件受到机械磨损而出现的。当这种情况发生时，修井机能快速把与抽油杆相连的泵起出并进行修井。

如果油管因腐蚀（图 12.2）或机械应力而发生渗漏或破裂，就要再次采用修井机修井。这时需要从井筒中起出油管，将损坏的部分替换下来，再将油管下入井筒。

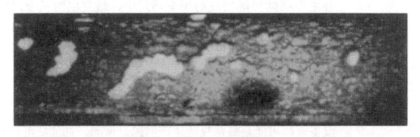

图 12.2　被腐蚀的油管剖面（腐蚀是浪费性更大的生产问题之一）

气举作业中，气举阀常出现机械故障。无论气举阀处于开启还是关闭状态，都可能被卡住；不管发生哪种情况，都必须立即起出进行修井。有一种气举阀用铠装电缆安装在专门设计的油管套中称为气举阀工作筒。当这种工作筒中的阀门发生故障时，不需要起出油管。而是采用装配有绞盘和电缆的小车回收和更换报废的阀门（如果常规的气举阀发生故障，为了更换损坏的装置就必须取出整个油管）。

液面撞击：当一口采用泵抽吸开采的井生产了很长时间足以稳产时，原油流入井中的速度与采出的速度相匹配，这时出现一种理想状态，抽油泵具有足够的充满度，使泵在每个冲程中完全充满。在抽油速度与流入井筒速度相等时，产出气体与井中流体分离并通过套管排出，泵才有可能完全充满或接近充满。泵下面的气锚有助于井底气体分离。一般来说，套管压力与地层压力相比应尽可能保持低压，以便在井底产生套管压力与地层压力差。如果泵速超过流入速度，井就会发生空抽，上冲程时泵不会完全充满。下冲程时，泵活塞撞击不可压缩的流体，造成液面撞击（图 12.3）。其结果是抽油杆、地面装置和齿轮都受到冲击荷载。

严重的液面撞击很容易根据示功图或通过光杆振动检测到。可以通过降低冲次或降低冲程长度对液面撞击产生的误差进行校正。当采用降低抽油速度和缩短冲程长度使抽油机到达下限后，如果油井连续空抽，通过间歇抽油，可减少或消除液面撞击。采用定时控制装置或空抽控制装置，可间歇手动开、关抽油机。液面撞击的结果可能会导致修井和停产，从而大大增加费用。间歇抽油可减少这些费用。但是，适合油井流入量的抽油系统生产效益会更高，经济效果更好。

12.1.2　井筒问题

常见的井筒问题有出砂、地层伤害、结蜡、油水乳状液的形成和腐蚀。

（1）出砂。

在结构疏松的砂岩地层中采油的生产井中，砂常常与油一起产出。尽管其中一部分砂被带到地面，但大部分积聚在井底。井

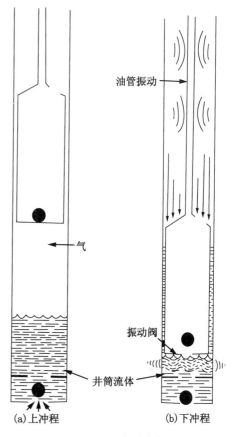

图 12.3　液面撞击

筒内砂粒的不断积聚最终会降低采油速度，甚至可能完全中断生产。当称为出砂的问题发生时，要求在现场采用一种电缆上装配有抽砂泵的捞砂设备。抽砂泵是井筒除砂的特种捞砂筒。

如果某口井持续存在出砂问题，可能需要采取预防措施。使用最多的防砂方法之一是采用砾石充填完井。油井充填砾石后，在对应的生产层段安装割缝衬管，仔细筛选分级的砾石置于衬管外的周围。砾石比地层砂粒大但足以小到砂粒不能通过砾石层移动。因此，砾石形成的桥架可以让油流过，但不能让砂通过。

也可采用各种树脂来固砂，主要是希望能够获得可以固砂但也允许油流过固砂层的树脂。

（2）地层伤害。

当近井底地带地层中发生某些事件时，常常出现地层伤害问题，从

而降低原油产量。例如，井筒附近的含水饱和度过高会阻止原油流动。钻井液堵塞即钻井液在井筒产层周围积聚也可能降低原油流速。在页岩产层段，用于修井作业的钻井液可能会引起黏土膨胀，完全阻止原油流动。

发生这种地层伤害的油井可以用酸、钻井液清除剂、润滑剂或其他特殊用途的化学剂进行处理。这些物质泵入地层最后从地面产出。这都是非常专业的作业，需要采用专用泵车装置，并且通常由这个行业的专业修井公司来完成。

（3）结蜡。

在某些生产特种原油——称为"石蜡原油"的地区，在井筒和地面管线中结蜡是个问题。石蜡，准确地说是这种石蜡原油中的一部分，会因为温度下降以固体形式沉淀出来。因此，结蜡在井底不是问题，但是在地表附近就变得很敏感，因为地表附近温度下降。

解决这个问题有很多方法。对于地面管线来说，管线中定期地泵入除蜡剂足以清除结蜡。在油管中，刮蜡器可装在抽油杆上，抽油杆上下往复运动使刮蜡器跟随运动，这样可使油管不会过多结蜡。

另外的除蜡方法是定期使热的原油在地面管线中循环，这种热油循环一般由服务公司实施完成，因为这只是偶尔需要的另外一种专业操作。

称为溶蜡剂的一种化学品也可以注入油套管环空以防止结蜡。

（4）油水乳状液。

油水乳状液是第四个常见的生产问题。在一定条件下，油水可以形成乳状液，在地面如果没有特别处理就不能破乳。因为乳状液破乳作业相当昂贵，所以这也是一个问题。乳状液破乳方法有热处理法、化学处理法和各种联合化学处理法。因为各个油田原油化学成分不同，因此所用破乳剂的性质也不同。

（5）腐蚀。

设备腐蚀是花很多钱才能解决的最昂贵的问题之一，它一直困扰着石油行业（图12.2）。随油产出的地层水腐蚀性强，而大多数原油含有不同数量的硫化氢，其腐蚀性也非常强。防腐措施包括在油管和套管的环形空间注入缓蚀剂；采用油管树脂涂层；采用专用抗蚀合金；在任何情况下不采取任何防腐措施都是不合适的，设备在到达使用寿命期限时应及时进行更换。

12.1.3　盐水处理

处理随油产出的地层水费用很高，产出的地层水不能直接流入地表河流和水池，因为它对动、植物有害。最常用的处理盐水的方法是通过钻井回注，尤其是为这种用途所钻的井。

不允许把盐水注入淡水层，无论注到哪里，都必须进行精心处理，防止可能堵塞地层的杂物过多聚集。除去聚集在井底地层的某些杂质常用的作法是污水回注到井中。注入井酸化同样有助于净化地层。

12.2　修井作业

修井作业是为了维持最大原油开采速度有时需要采取的大型维修作业。例如，如果某口井开始产出过量的污水，就要将修井机——非常类似于钻机但比钻机稍微小一些——开到现场，进行修井作业以减小产出的地层盐水。

首先需要一些压井液（如钻井液、污水、油或可能的专用修井液）进行压井，当井筒充填这些流体时，其静压足以平衡地层压力。如果地层盐水产自油藏深部，通常利用低压或高压封堵法用水泥封堵炮眼。

如果采用高压挤水泥封堵工艺，就需要把专用封隔器下入油管底部以便保护套管和其他井口装置。如果采用低压或通过套管头挤水泥作业，就不需要封隔器，因为施加的压力不会超过井口装置和套管的工作压力。水泥灌注之后，需要从套管内部钻掉水泥塞并按所要求的间隔在套管上重新射孔，因为水泥会封住原有的炮眼。

如果油井生产气油比过高，通过同样的挤水泥作业和重新射孔工艺可以降低气油比。

如果井筒中有一个以上的生产井段，下层枯竭时，依次进行回堵使高层位正常生产。回堵可以通过在套管内下水泥塞封堵或采用桥塞——可放在套管内有效封堵其下所有生产层位的一种机械装置一起完成。

所谓永久完井允许采用所有修井作业与电缆装置、修井机需要的清除装置一起进行。永久完井装置具有特种阀的功能，可以通过电缆装置进行开关作业。为修井作业设计的这种整套装置甚至可以令人满意地与注水泥和再射孔一起完成。

　　无论是修井还是初期完井都可能需要采取增产措施以提高生产速率。这是第 13 章的主题。

13 增产措施

当测试显示某口井是一口经济有效的生产井但由于某种原因油气产量达不到要求时，可能需要对地层采取增产措施以提高该井生产能力。最早采用的增产措施是用硝化甘油炸药爆破。硝基炸药置于井筒底部，将其引爆使地层中产生裂缝。一般可增加产量，但会损害井筒。

现在，硝基炸药爆破工艺更完善，但无数新的增产措施也已投入现场应用，其中最常用的是酸化和压裂方法。

13.1 酸 化

最早在 1895 年将酸化作业用于油井的增产，将酸泵入地层岩石的微孔通道，溶解岩石，增大孔道。促进油藏流体流向井筒。尽管产量显著增加，但酸液对油井装置腐蚀严重，所以该方法已废弃不用。

化学防腐剂的发展使酸液有选择性地与岩石反应而不与油井装置接触，1932 年又引起了对油井酸化的关注。改进的酸化增产措施得到了极好结果，从而增加了在油井中的使用，目前酸化已经是现行的标准完井和修井作业方法之一。

盐酸是酸化作业最常用的一种酸。因为它经济而且不会留下不溶反应物。盐酸中大约含有 32%（质量分数）的氯化氢气体。盐酸保存在储罐内，作业前将其稀释到要求的浓度———一般为 15%。

当把盐酸泵入石灰岩层时，发生化学反应。酸化作业期间反应速率与酸浓度和温度成正比，而与压力成反比。但是由于回收地层孔隙中的高浓度残酸所需的压力太高，所以酸化作业中很少使用浓度为 15% 以上的酸液。

现场酸液浓度通过密度计或滴定法测定。密度计读数的准确性取决于工程师的责任心和所采用的方法。测试时必须仔细清洗密度计的玻璃柱以便确保没有污垢或油污没有残留在部件上。酸样温度应校正到 60 ℉。

13.1.1　初步试验

酸化时，必须评价储层的性能，这也就是为什么试验如此重要的原因。岩心和岩屑可提供有关孔隙度、渗透率和油水饱和度的信息，地层油样分析也可测试乳化趋势，如果原油倾向与新酸或残酸乳化，就需要添加合适的破乳剂。

另一个重要因素是确定地层岩石中硅酸盐成分的膨胀性。在有些情况下，黏土、膨润土颗粒浸入酸液后，体积可膨胀到原来的数倍。这些膨胀的颗粒可堵塞油藏微孔通道，更有甚者，可使流通孔道减小到比原始孔道还要小的地步。因此，如果测试表明地层岩样显示膨胀趋势，要添加合适的硅酸盐防膨剂，防止膨胀导致地层伤害。

13.1.2　酸化装置

已研究出了酸化油气井的专用运输和加压装置。容量为 500 ～ 3500gal 的罐车把酸液运输到井场。运输装运时预先把化学剂加入酸液中。

用车载泵把酸液注入井下生产层段（图 13.1）。重型汽油或柴油发动机可为泵提供高达 1000hp 的动力。需要足够大的额定功率才能抵抗

图 13.1　酸泵拖车（Halliburton 授权）

地层原始压力，使酸液流入岩石孔隙中。

13.1.3　酸化工艺

有两种主要的酸化工艺：不可控或非选择性方法以及可控或选择性方法（图 13.2）。

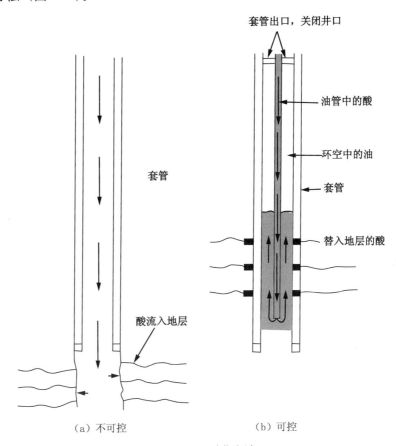

套管出口，关闭井口

油管中的酸

环空中的油

套管

套管

替入地层的酸

酸流入地层

（a）不可控　　　　　　　　　　（b）可控

图 13.2　酸化方法

在非可控方法中，将酸液泵入套管，然后泵入足够量的驱替液使酸液流入地层。这个方法在井中有或没有油管时都可应用，最适合单产层井、注入井或处理井、低压气井或低产井。其优点是节约成本和时间，而且反应产物很容易从产层中除去。缺点是无法控制酸液流入的位置，增产处理酸液可能浪费在非产层中。

作业步骤如下：

（1）通过抽吸或提捞除去孔隙中的流体。

（2）把酸泵入套管。如果没有除去套管中的流体，就应该在将酸泵入之前将套管中的流体驱入地层。

（3）在泵入酸后，注入足够驱替液把所有的酸驱入地层，驱替酸所用的压力受地面泵规格和功率所限。

（4）待酸完全反应之后，采用抽吸、提捞和泵抽作业除去井中包括反应产物在内的残酸。如果有足够的井底压力时，通过自喷排出井中包括反应产物在内的残酸。

对注水井来说，常常可能有注入液返回，因此，要把残酸从地层驱向井筒。这样就不会干扰后续作业。

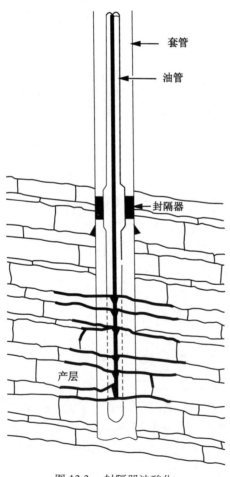

图 13.3　封隔器法酸化

在常规可控酸化作业中，井筒中必须有油管，而且井筒中必须能够充满流体。油管位于产层下面。井中首先充油，然后用足够的酸液驱替油管中的油，包括产层以上环形空间部分。酸液面一到产层相应位置，就关闭套管出口。酸从油管泵入到地层，然后由足够的驱替液清洗油管和井筒。

另外一种可控酸化作业是封隔器法（图 13.3）。该方法中，封隔器下到油管上刚好在酸化层上面连接。井中充油后，酸泵入油管中定位在产层横断面上。然后坐封封隔器，防止酸液继续上行至环形空间。

有时先装封隔器，油从油管吸入，之后泵入酸液。有时候，酸泵入油管，驱替油进入地层。

封隔器法的优点是酸液限制在封隔器以下的地层。防止进入井筒上部的非产层。如果需要，油可以泵入环空以降低封隔器的压差，防止封隔器错位。

其他常用的可控处理方法包括选择性电极法、放射性示踪法、综合法、堵塞球和暂堵剂。所有方法都有各自的优缺点，因此，使用前应仔细分析研究。

总之，选择性酸化的优点在于通过调整酸液进入的剖面从而得到最大效益。为了使酸液不进入非产层，酸液可以转向进入其他得不到酸化作用的低渗透剖面。此外，酸液可以改向偏离已知的水层，对水层酸化是不可能得到任何效益的。

选择性酸化的缺点是成本高，作业困难，有时在作业之后洗井需要更多的时间。

13.1.4 分级酸化

分级酸化可以用来处理致密石灰岩层。用两次或两次以上独立的酸化处理阶段而不是一次性全部处理。分级酸化作业可在比一次总处理所需要的压力低的条件下进行。一般酸液在两次处理之间抽出井筒，以免把残酸进一步推向地层。

有时在石灰岩层中，当酸液有可能侵入水层时，采用分级酸化处理。分级酸化可以在首次见水时停止进行处理。每次酸化后检查所使用酸的含水率。

另外的应用是清洗酸化井井底附近污染层段。然后，后面的酸液在低压下可以很容易进一步渗入地层。

如果地层含有难溶细砂或硅石颗粒，可能造成堵塞，常规处理时经常遇到压力突然增大的现象。出现堵塞时，酸液必须在油管外循环，在可以进行处理之前洗井。分级处理可缓解这个问题，因为每次分级处理中新鲜酸液可以在低压下以高速渗入地层。

13.2 酸化添加剂

地层岩石的物理化学性质常常影响酸化处理增产效果。有时，专用添加剂提高了酸化作用效果，避免回收残酸或作业后残酸清洗困难的问题。

13.2.1 缓蚀剂

缓蚀剂溶于酸液中减慢酸液与金属的反应速度。必须防止损坏套管、油管、泵、阀门和其他装置。缓蚀剂不能完全阻止酸与金属的反应，但可减少 95% ~ 98% 的金属损失。这些反应物不影响与石灰岩、白云岩或酸溶垢的反应速度。现在酸化处理用的所有酸都是与这些缓蚀剂之一的混合物。缓蚀剂有两种类型。一种是有机缓蚀剂，如含氮或含硫有机化合物。第二种是无机缓蚀剂，主要是铜。过去用砷，但现在已不用。

13.2.2 增强剂

强化酸是抑制盐酸和氢氟酸的混合物。氟化物加快了酸的反应速度，使强化酸能够溶解白云岩中的其他不溶物质。

二氧化硅晶片在盐酸中不溶解，常存在于白云岩结晶结构中。当它们存在时，可以阻止酸与岩石可溶部分接触。氢氟酸溶解二氧化硅，使盐酸到达岩石可溶部分。

13.2.3 表面活性剂

表面活性剂是降低溶液表面张力的化学剂。添加合适的表面活性剂可以提高酸化液的效率。

加入表面活性剂有助于酸液渗入岩石微孔隙。酸增大的渗透能力引起地层深部渗透并提高处理后的排泄能力。此外，表面活性剂使酸渗入酸化岩石周围的油层，给孔隙加内衬，使酸液与岩石接触而溶解它。

表面活性剂还使处理后的残酸容易回收。阻塞流道后没有残留酸液是重要的。酸液中表面活性使岩石润湿更完全，还降低酸液流动阻力。处理剖面的残酸容易回收，这个工序对低压井特别重要。

表面活性剂是可起到破乳作用。表面活性剂阻止乳状液出现或破坏已经形成的乳状液。

酸液中的表面活性剂导致大量含残酸的盐水发生流动。这使地层解除了可能已限制该井产量的污染。

13.2.4　破乳剂

原油中天然存在很多具有形成稳定乳状液性质的化合物。当原油与酸液或残酸混合或搅拌时，就可以形成乳状液。在有些情况下，这些乳状液堵塞地层，降低油井产量甚至停产。当酸液中添加了破乳剂时，这种化学剂就可以反作用于原油中的天然乳化剂。

13.2.5　硅酸盐防膨剂

硅酸盐化合物——黏土砂泥在大多数石灰岩和白云岩中都存在。硅酸盐的一个特性是在残酸中膨胀。当然这个反应是不希望发生的。膨胀的颗粒可能堵塞地层孔隙通道，降低采油速度。

硅酸盐防膨剂是设计用来防止游离硅酸盐颗粒吸水。有些化学剂防止酸液超过一定的 pH 值，超过该 pH 值硅酸盐可能占据最小的空间。其他化学添加剂通过置换，吸附憎水有机薄膜使硅酸盐颗粒收缩。工程师通过使用合适的硅酸盐防膨化学添加剂可防止地层堵塞，降低处理压力，加快排液速度，减少颗粒稳定的乳状液产生。

13.2.6　热酸

热酸液适合地层或井筒内垢层溶解慢而难以除去的井。如果加热酸液，反应时间缩短，处理效果更好。这种处理对筛网上的矿物沉积和井装置妨碍生产的井特别有效，对那些因难溶矿物而部分堵塞的注入井提高采收率也有效。

有时有机溶剂与油同热酸处理联合使用。当大量沉积物聚集在地层孔隙通道阻碍生产时，加热与溶剂联合作用是有效的。

首先，将携带悬浮镁珠凝胶溶剂油被注入产层，然后在往常用的盐酸中加必要添加剂并泵到其位，在酸液与镁反应后地层温度可升高至 $200 \sim 300 \, ℉$。一般来说，地层矿床上的酸液和蜡、沥青及焦油沉积层通过热溶剂联合作用可迅速清除干净。另外，镁与酸反应生成的氢气旋涡清除揳入孔隙通道内的颗粒，也对清洗过程起到辅助作用。

13.2.7 缓速酸

在一些活性强的岩层中，降低酸的反应速度以便增加渗透性而不是在井筒附近大量的酸立即被消耗。各种不同的胶质、增稠剂和缓速剂可减慢酸的反应速度，使酸渗入地层深部。

有些缓速酸含有化学剂，酸与地层初次反应后在岩石上沉积一层膜。另外，增稠酸的高黏度可以产生所希望的结果。可控稳定性酸—油乳状液（确保预定时间后可破乳）也具有缓速酸化作用。在很多情况下，可以防止酸进入小孔隙，只有在加压下酸才进入最大的孔隙。因此，与酸接触的表面积是有限的，在酸完全消耗之前要渗入地层深部。

经常用大量的缓速酸形成辐射状井筒通道。这样处理之后，再加盐酸增加新的通道。使用缓速酸的优点是井排油的面积迅速显著增加，处理期间酸的最大作用发挥出来了。而且，处理后排出反应产物所需要的压力低。

13.2.8 铁的滞留

二次采油和提高采收率项目（见第14、第15章）或用于盐水处理的注水井常常易堵塞地层孔隙通道。通常利用盐酸可恢复其原始状态。但是，在酸被消耗时溶解的铁化合物会以大块胶状氢氧化物沉淀出来。必须采取防范措施，否则会产生严重堵塞。

称为络合剂的化学剂可以把溶解的铁嵌入络合离子。一般情况下，溶解的铁的氢氧化物再沉淀可完全清除。

13.2.9 钻井液清除酸

用于清除钻井液的土酸是盐酸和氢氟酸混合物，含有所需要的缓蚀剂、表面活性剂和破乳剂。这种酸称为土酸，它溶解黏土，一般用于钻井液中。

土酸在完井时和后续修井之前清除生产层段井壁上的泥饼。它还可以清除渗入的钻井液，钻井液可能堵塞地层孔隙通道。酸阻止钻井液沉积物的聚集，使产层井壁露出且干净。土酸同样增加砂层渗透率。如果实验室试验表明岩石在土酸中的溶解性比其他酸强，那么，可建议采用土酸处理。

土酸处理可以用含有缓蚀剂、表面活性剂和破乳剂的浓度为15%的盐酸进行洗井。这种方法可以清除产层井壁上容易溶解的物质，保证土酸处理时与岩石难溶部分反应。

13.2.10　清洗液

在压裂、注水泥和酸化处理之前，常常要用洗涤液。洗井可以使整个生产层段垂向范围均匀地增产作业。清洗液是不含氢氟酸的混合酸。

13.2.11　油溶性无水酸

冰乙酸是用作酸化处理的一种油溶性无水酸。乙酸与油混合，以与其他酸相同的方式注入岩层。直到遇到地层中的水时冰乙酸才与岩石反应。岩石孔隙中少量的原生水使乙酸与地层中的碳酸盐反应。表13.1为化学增产措施配套设备详细情况。

表 13.1　化学增产措施配套设备详细情况

酸类型	应用	症状或典型问题	性质	作用	其他方面
抑制普通盐酸	石灰岩和白云岩地层所有类型的油、气、水或注入井	低产量，因产量降低或注入量降低有效渗透率降低	每1000gal的15%HCl可溶10.0ft³石灰岩或白云岩	有助于提高石灰岩和白云岩类地层生产能力	浓度5%～30%，与添加剂配伍
穿透酸或针入酸	油、气和注入井	低注入量，希望高处理压力，形成碳酸盐垢，油污染	表面活性剂与普通盐酸混合穿透性更好，降低表面张力	加快排液，降低处理压力提高注入性，经济实用	压裂前用，与Gypsol一起用，用游离酸除铁垢改善起泡，用Howco稳定泡沫
非乳化酸或N.E酸	油或凝析气井	产油量低，底部产液量高，存在乳状液堵塞趋势	普通盐酸加非乳化酸，降低表面和界面张力性质	通过破乳和防止乳化，加快排液	在产油和馏出油的含钙质地层中采用

续表

酸类型	应用	症状或典型问题	性质	作用	其他方面
HV-60缓速酸	中高温井中压裂酸化	有效渗透率低,排泄面积小	油包水乳状液,缓速盐酸,高黏度	延缓化学反应,深部穿透	与暂堵剂配伍,前置液黏度合适,反应时间可以变化
TGA(增稠酸)酸,缓速酸	低温井	有效渗透率低,产量低,需要增大排泄面积	增稠普通酸,黏度适中	延缓化学反应	低摩擦力,低流体损失量
CRA(化学缓速酸)	所有类型的井,基岩酸化可压裂酸化	低压酸化,必须延长反应时间,扩大排泄面积	不需增黏,可延缓反应	延缓化学反应,低黏,可以变化适当处理要求	与其他酸添加剂配伍,适合所有要求延缓缓速酸作用的特殊用途,提供深部渗透
MOD101,202,303缓速酸	所有类型的井	需要增加产量,用其他酸处理不成功的井	罕见的溶蚀性,反应慢,腐蚀慢,堵塞少	提供裂缝或渗透率的深部渗透	与大多数其他酸剂配伍,可用CRA进一步延缓作用,使铁保持在溶液中
氢氟酸(HCl—HF)	受伤害的砂岩地层	增压试验表明伤害,低产能或产能下降	溶解黏土矿物和二氧化硅	可解除钻井液等引起的浅层伤害	必须与合适的预冲洗和后冲洗一起使用,与表面活性剂配伍
有机氢氟酸(乙酸—HF)(甲酸—HF)	受伤害的砂岩地层,井底高温	钻井液漏失到地层引起的伤害	溶解黏土和砂	因缓速有利于解除深层伤害	在井底高温下,解除钻井液伤害(浅层伤害)也有效
SGMA*(自生土酸)	解除深层伤害	低产能,细砂运移或流体侵入引起的伤害	缓速HF酸	比有机HF酸更缓速	一般没有乳状液问题
CLAYSOL	解除深层伤害	细砂迁移或黏土膨胀引起的低产能	延缓黏土溶剂	优先溶解砂层中的黏土	可解除的伤害没有深度限制,无温度限制

酸类型	应用	症状或典型问题	性质	作用	其他方面
MCA（钻井液清除剂）	所有井的增产措施在注水泥前作业	由钻井液滤液、钻井液中固相物质、水或乳状液侵入引起的低表观渗透率	低表面和界面张力，乳状液破乳，固体分散	分散除去全部钻井液和滤饼，破乳，疏通水阻	宽带频谱应用，与大多数油和钻井液一起使用，在注水泥前使用，黏着性，洗清炮眼
MSA（多级酸）	所有井增产措施	抽油井结垢增加，高温井低产能，需要低腐蚀性射孔液	减慢反应有机酸，低腐蚀，不会剥落镀铬	可以清空抽油井环空，用作高温钙质井的射孔或缓速酸	不会引起氢脆，对电缆和射孔装置损害最小
OSA（油溶酸）	含水液可能伤害地层	黏土膨胀，结垢，水或乳状液堵塞	有机溶剂中的有机酸，利用间隙水	没有加入额外的水，提供酸性环境	也可清除油基钻井液或有机沉淀物，同时腐蚀最小
FE酸	油、水、注水或处理井	因腐蚀产物、铁垢或二次反应产物引起的产量削减	螯合铁，控制pH值	有利于防止铁反应产物二次沉积	可随大多数其他酸剂而变，低pH值使黏土膨胀最小化
PAD（锰铬钒合金钢酸分散）	生产井或注水井，原生产井改成注水井	组成垢、蜡、沥青黏土或腐蚀产物的沉淀增加	分散于酸中的芳香族溶剂	同时除去有机和无机沉淀物	酸型可变以与沉淀物对应

13.3　地层压裂

　　地层压裂大约开始于1948年，进行地层压裂时，将油或水与砂或其他支撑材料混合后，以高速泵入地层，使地层产生裂缝。砂随水通过支撑剂撑开的裂缝迁移，显著增加了井筒的泄油半径，因而极大地提高了井的产能。

　　除了非常松软的地层，压裂在其他所有类型地层都取得了成功。软页岩和黏土的塑性使它们难以压裂。

　　压裂处理增加的产量变化范围很大，通常平均约为200%～300%。因此，压裂使很多没有利润的开发井和油田获得了采油利润。

13.3.1 裂缝和裂缝样式

当液压克服了地层抗张强度和上覆重载的挤压应力所产生的综合阻力时，井筒中会出现裂缝。裂缝出现在这两种力的总和最小的地方。浅层一般产生水平裂缝；深层产生垂直裂缝（图 13.4）。

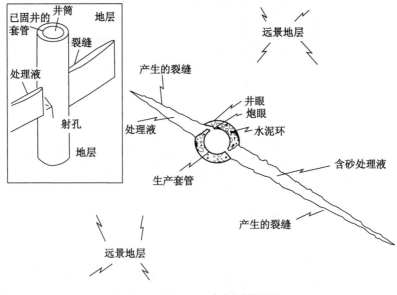

图 13.4 水力压裂原理

在压裂形成裂缝时，必须在压裂时进行处理，使裂缝宽度足以适应液流或含支撑剂压裂液的流动。处理后裂缝壁有闭合的趋势，所以砂和其他支撑剂必须留在裂缝中使裂缝保持撑开。

13.3.2 压裂设备

压裂设备主要有四种：泵车、混砂机、运砂车和运液车（图 13.5）。过去，该装置在 5000psi 下仅能泵 40gal/min，目前通过采用先进的设备在压力高达 20000psi 下可持续工作，并且很多设备可以组合完成一个单项作业。

压裂所需地面压力由以下三个因素的综合结果而定：

（1）将压裂液注入井底地层所必需的压力；

图 13.5　气井水力压裂

（2）压裂液流入油管或套管时遇到摩擦损失的压力；

（3）井筒液柱产生的压力。

需要的地面总压力等于地层压力加管中压差，压差是压裂液因为压头摩擦损失而产生的。在大多数情况下，尤其是通过油管压裂的时候，最重要的是考虑摩擦损失。

13.3.3　压裂工艺

早期大多数压裂处理是通过封隔器以下的油管进行。现在，当希望超高压或套管不承受处理压力时，这个方法仍在使用。但是，随着注入速度不断加大和压裂作业规模的扩大，油管中摩擦力变得非常大，这极大地限制了作业的速度。当砂从流体中沉降并充填井底时，有时还会引起脱砂。

为了克服较大的摩擦损失，去掉了油管，压裂作业直接在套管中进行。通过套管注入压裂液可提高注入速度。其他的实际操作是同时在环空中进行处理，这可使处理时油管留在井中。下入较重的套管也是有效的作法，这给作业者提供了套管压裂的选择。

问题是作业者为什么要采用较高的注入速度压裂？因为高注入速度可以形成较长的裂缝。随着裂缝尺寸增加，与压裂液接触的地层面积和相应的压裂液消耗量快速增加。所以，为了形成所需要的长裂缝，作业者采用较高的注入速度。

有时，虽然采用低注入速度，尤其是在对生产井沿油管向下处理时。当待处理层紧邻含水层时，则要采用低注入速度。在这种情况下，必须用具有良好携砂能力的稠化压裂液。

13.3.4 压裂材料

压裂液分为水基、油基和混合基压裂液，这取决于压裂液的主要成分。

水基压裂液为水和酸的混合物。往水基压裂液中加入稠化剂可以增加其黏度，从而也可提高其携砂能力。油基压裂液为油和水的混合物。

乳化型压裂液（混合基）由油、水或酸组成，其中，某一相以微滴形式分散到其他相中。这些流体具有良好的携砂特性，同时具有低的流体损失量，但是，它们比水基压裂液昂贵得多。

在美国，最常用的支撑材料是奥塔瓦砂。加拿大的压裂用砂是圆滑的、大小均匀。奥塔瓦砂也是良好的，因为它具有高的压缩强度。世界各地都有其他类型的压裂用砂，但是，对大多数压裂作业而言，都选择20/40 颗粒尺寸的砂。当需要增加深井压裂用砂的强度时，工程师也可以用烧结陶粒。

13.4 其他增产方法

压裂和酸化是最常用的增产措施。其他几种增产方法偶尔也被采用。

13.4.1 爆炸

井下爆炸是通过在井中产层深度起爆硝化甘油炸药来实现的（图13.6）。采用这种方法也可增加井眼尺寸，并使远离井筒的地层中形成裂缝。然而，进行这种处理，作业者不能用套管，所以，需要采用裸眼

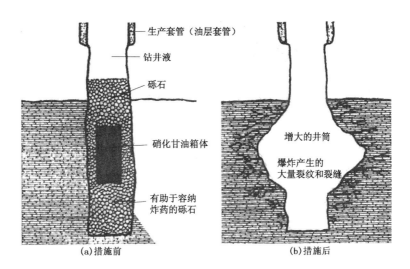

图 13.6　硝化甘油爆炸增产措施

完井方法。

　　有时，要对着最主要的产层实施小型爆炸，尤其是在压裂前。采用这种方法有助于压裂材料进入所选择的压裂层段。

13.4.2　井下爆破器

　　井下爆破器方法是通过沿井筒自上而下对着所选目的层悬挂和引爆井下专用起爆索来实施的。这种方法可以用于清除地层表面的石膏沉淀物、淤泥或石蜡。

13.4.3　补充射孔

　　当一口井开采多年后，井下射孔孔眼可能被堵塞，在井下堵塞段补充射孔是大有益处的。引爆射孔枪，也可松开地层中的任何堵塞材料，这可增加排油面积，从而增加油或气产量。

13.4.4　大理石爆破

　　在裸眼完成井中，有时，用充填于井中炸药周围的玻璃大理石引爆爆破弹丸。引爆炸药时，大理石成为炮弹，打击岩石面，破碎任何石膏沉积，甚至使岩石破裂。如果通过爆炸形成了裂缝，那么，大理石可以嵌入裂缝中，使得裂缝呈开启状态。

13.4.5 喷砂清理

该工艺利用油管上带喷嘴的喷射工具。通过喷嘴喷出的水流或其他液流使炮眼中的岩屑变松。有些作业者甚至注入含砂液，该含砂液在 15～30s 内可凿开 $\frac{1}{4}$ in 钢管。酸也用在这套工具中以清除酸溶沉淀物。

13.4.6 清蜡

现有几种优质蜡溶剂。该溶剂可以在井筒受影响部分循环或任其流入井中吸收堆积的杂质。常利用热油处理清蜡。将油泵入油管以溶解沉淀物并随产出液把杂质带回地面。

13.4.7 大体积注入作业

简单处理只是往地下泵入大量原油、煤油或馏出物，尤其是当地层被细小的硅酸盐或其他固体颗粒堵塞时。通过处理流体可能将细小颗粒重新排列并打开通往井筒的流通孔道。

如果产量下降，作业者必须利用所有获得的资料分析产量下降的原因。如果在作业前没有尽可能完全地分析问题，那么大量资金就可能浪费在不断摸索的试验中。

14 提高原油采收率（EOR）

有时候，油井可以按照最初生产的那样生产，即采用一次采油的方法生产。但是大量原油仍留在地层中。这时，作业者可以选择进行强化采油作业。这些作业通常可分成二次采油即注水采油和三次采油，一般称为 EOR。

14.1 水 驱 作 业

在水驱开采过程中，水注入油藏以提高原油采收率。将注入水通过特定的井网（视地层个别特性而定）注入地层。当水从注入井流向生产井时，它冲洗捕集在地层中的原油并携带至生产井。如果产油量等于或大于产水量，该井的生产可能是经济的。

当确定某油藏是否适合注水采油时，作业者必须考虑以下几个因素：

油藏几何形状；岩性；油藏埋深；孔隙度；渗透率；油藏岩石的连续性；流体饱和度大小分布；流体性质和相对渗透率之间的关系。

14.1.1 油藏几何形状

油藏的构造和地层决定了所有井位的部署，在很大程度上也规定了油藏的开采方法。大多数注水作业在只有中等构造起伏而且原油聚集在地层圈闭中的油田进行。如果在一次开采中采用溶解气驱油，那么大量的原油仍残留在地层中，因而这些地层有注水潜力。综合所有这些特征，该油田是理想的二次采油对象。

14.1.2 油藏岩性

油藏岩性包括孔隙度和渗透率，但也包括岩石矿物组成。油气和某些矿物之间似乎有某种影响。因此，必须研究地层岩性以确定是否适合注水。

14.1.3　油藏埋深

如果油藏太深钻井不经济，或者如果所钻油井必须用作注水井和生产井，那么注水开采的采油量会比新钻井的低，在不规则井网的老油田更是如此。此外，大多数深油藏一次采油后剩余油饱和度可能要比浅油藏的低，因此残留的原油少。

14.1.4　孔隙度

油藏总的采油量直接受其孔隙度的影响，因为孔隙度决定给定油藏原油饱和度的油量。注水前作业者需要确定地层岩石孔隙中存在足够的空间以容纳一定量可采出的原油。

14.1.5　渗透率

油藏岩石渗透率大小在很大程度上决定在给定砂层表面压力下注入井所能够保持的注水速度。在确定给定油藏的注水适宜性时，作业者必须考虑深度和从压力—渗透率数据得到的速度与井距关系确定最大允许注入压力。这大致可以表明在合理时间内完成注水计划必须新钻井的数量。

适度均匀的渗透率是注水成功的必要条件，因为这决定必须注入的水量。如果发现渗透率级差大，注水就不会成功。

14.1.6　油藏岩石的连续性

如前所述，渗透率均匀是注水成功的必要条件。同样，层理（水平方向）均匀也是重要的。如果层理处于水平状态，而且没有侵入岩体，注水作业可以较平稳地进行。如果出现页岩层从而中断了平缓的水平流动，注水作业就可能失败（图14.1）。

14.1.7　流体饱和度大小及其分布

一般含油饱和度高比含油饱和度低更适于注水作业。饱和度越高，

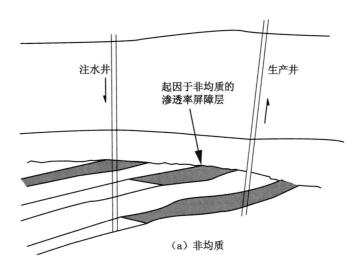

（a）非均质

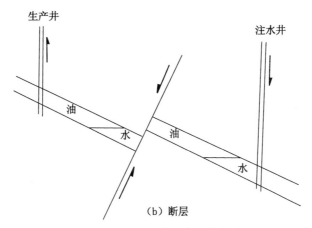

（b）断层

图 14.1 渗透率屏障层的起因

有效采收率越高，最终采收率也越高，水绕过的油量降低，每美元风险收益较大。当残留在地层中的原生水较少时，作业者可能很容易预测后面残留的是油。

作业者从哪里可以找到这个信息？根据新钻井的孔隙度。还可以利用电测井、实验室驱油实验和毛细管压力实验验证其推测值。

14.1.8 流体性质和相对渗透率关系

油藏流体的物理特征对给定油藏注水可行性也有很大的影响。黏度是最重要的特性之一，因为它影响流度比。相对渗透率也是重要的特性。流度比越大，无水采收率越低，因而注水作业费用也越高。

14.1.9 水源

注水主要考虑的问题之一是确保为注水作业提供足够的水源。在油藏早期注水阶段，也就是开始注水阶段，需要保持 1 ～ 2bbl/（英亩·英尺）（1 英亩·英尺 =1234m³）的高注入速度。初期注水后，注水速度可以降至 1bbl/（英亩·英尺）以下。最终水的体积大约是地层总孔隙体积的 150% ～ 170%，这需要包括围岩孔隙体积。

作业者可选择使用污水或淡水，视其具体作业而定。在经济允许的地方，首选淡水而不是污水。大多数油田，污水层在油层上下。井打到合适的深度，水可以抽到地面，又回注到合适的注水井中。如果注水作业临近大海，可以用海水。但是，有时注入水必须经过处理。

当用这些水源进行注水不妨碍当地水需求时，淡水可从地面水源如池塘、湖泊、小溪、江河中获取。但是，这些水源在干旱季节水量有限，而且，对来自这些水源的水常常需要处理，代价高。更有利的方法是用打浅井从河流附近的冲积河床取水。唯一主要缺点是必须处理水中的细菌。最后，地表下面淡水位置一般是地面以下 1000ft 的地方。因此，必须挖井和安装抽水泵。另外，经济上必须与注水项目的利润相当。

14.1.10 注水井网

前面提到过决定注水作业的主要因素是注采井的位置。大多数注采井的位置是根据复杂的流动几何形状确定的。但是就本书目的而言，我们主要了解注水作业一些常用的基本井网。

当油藏连续而且面积范围较大时，采用对称和互连井网（图14.2）。一般选择四种主要注水模式：直线驱、交错行列注水、五点井网和七点井网。有时，在这些标准井网中，某口井周围的井不能工作，所以作业者必须对它们进行调整。

选择注水井网需要考虑的另外一些重要的方面是注入速度，它取决于有效渗透率、油水黏度、砂层厚度、有效井半径、油藏压力和采用的水压。这些因素影响所钻井的数量和采用的布井方式。

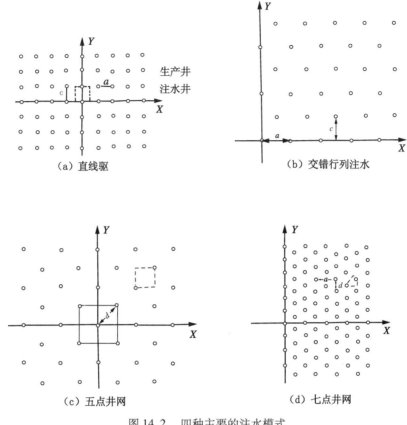

（a）直线驱 （b）交错行列注水

（c）五点井网 （d）七点井网

图 14.2 四种主要的注水模式

生产井
注水井

有时要进行注水先导试验。通过进行先导试验，可以评价操作方法，提前给出有关注水范围和确定所推荐的井网排列或注水模式是否为最佳的选择。在大范围的井网注水中，注水井网周围为非渗透边界。但是，先导注水试验中油藏井网内只有一至两口井能发挥作用。因此，产量必定不同，但作业者有机会进行注水潜力试验。

14.1.11 水处理

正如我们已发现的，水是注水作业中最重要的组成部分之一。早期作业者仅考虑注水量，而没有考虑注入水的质量。但是，现在作业者认识到劣质水对注水项目的破坏与其他因素一样。

一旦选择了水源，作业者就要对水进行分析以确定下面的事项：

（1）与油藏水的配伍性；

（2）最合适的注入设备是什么类型；

（3）必须处理的适合油藏的水对设备腐蚀性最小。

为了测定水中三种有害成分，包括溶解气、矿物和细菌，还应定期进行水分析。

沉淀是矿物引起的主要问题之一。当矿物从溶液中沉淀出来时，会使岩石孔隙闭合，从而降低地层孔隙度。将多价螯合剂和螯合剂添加到水中有助于防止沉淀。

"螯合"指的是分开或隔离络合与自身附着的基团有关，通过二价中心金属离子形成杂环。换句话说，螯合剂通过络合把阴离子和阳离子隔离，解决沉淀问题。

缓蚀剂也常常加到水中。它们是合金与水之间的防腐剂。使用防腐剂的优点是管线和油管不会快速磨损而又保持高速生产。

14.1.12 水驱后剩余油

油藏水驱后，地层中所有原油都受到了冲洗了吗？很遗憾，没有。大多数原油残留在地层中，仅用注水方法是无法采出的。石油工程师可利用孔隙或通过研究有代表性的油藏岩样的注水敏感性试验结果确定剩余油量。对于任何试验，都要评价剩余油量。如果作业者确定井下还有数量可观的可采原油，就可以选择第三阶段的采油方法，即：三次采油或强化采油。

14.2 强化开采或三次采油方法

用一次和二次采油作业从油井中采出所有可能采出的原油后，作业者还可以决定尝试第三种开采技术：强化开采或三次采油。尽管这些方法非常昂贵，很多方法仍处于试验阶段，但是，这些方法确实可以提高油井产量，当原油价格升到足够高时就更加经济有效。

有前景的常用提高采收率即 EOR 方法有三种，包括化学驱、混相驱和热力开采。在三种常用方法中，认为经济可行的 6 种工艺方法包括聚合物驱、表面活性剂驱、碱驱、CO_2 驱、注蒸汽和火烧油层。

14.2.1   化学驱

化学方法包括聚合物驱、表面活性剂（胶束聚合物，微乳液）驱和碱水驱工艺。这些方法的共同特点是为了形成更有助于开发的流体性质或界面条件而在水中加入化学剂。普遍采用的三种方法是聚合物驱、表面活性剂驱和碱水驱。

常规注水经常通过在注入水中添加聚合物提高或降低注入液与地层流体间的流度而提高采收率（图 14.3）。换言之，聚合物使油更容易通过地层流动。该方法一般用在生产范围很大的油藏，因为聚合物溶液波及范围大，不像单独注水波及范围小。

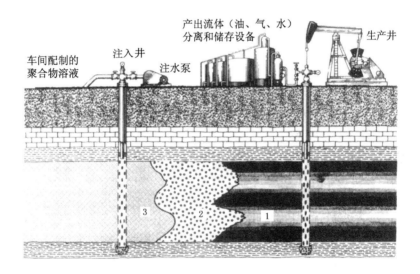

图 14.3   聚合物驱（根据 Joe.R.Lindley，U.S.DOE 原图修改，
美国全国原油理事会授权）
1—油层；2—聚合物；3—驱替水

表面活性剂也可以加入水中。这种化学剂可以降低岩石孔隙中的原油束缚力。表面活性剂段塞驱替油藏中大多数原油，在表面活性剂段塞前形成流动油水带。表面活性剂段塞之后是含有聚合物的水段塞。聚合物提高波及效率有利于保证尽可能多地驱替出孔隙中的原油。聚合物段塞后面是普通水段塞。该过程可一直进行到油藏足够"干净"时为止。

碱水驱利用无机碱如氢氧化钠或正硅酸钠水溶液通过降低界面张力、改变润湿性或引起自然乳化作用提高采收率（图 14.4）。该方法比

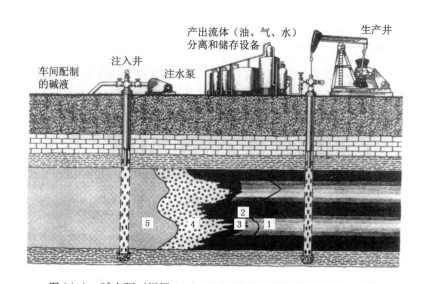

图 14.4   碱水驱（根据 Joe.R.Lindley，U.S.DOE 原图修改，美国
全国原油理事会授权）

1—剩余油带；2—用软化水预冲洗；3—碱液；4—聚合物溶液；5—驱替水

表面活性剂驱成本低，但提高采收率的潜力也较低。

14.2.2   混相驱

混相驱一般用 CO_2、N_2 或烃作为流动相提高产油量。这种驱替法
中有些从 20 世纪 50 年代已开始使用。

尽管 CO_2 驱是较先进的，有望未来对混相驱提高采收率作出很大
的贡献（图 14.5）。但二氧化碳与原油不混溶或不能混合。然而，当它
在油藏中与油接触时，可以抽提原油中某些烃组分而溶入原油。当 CO_2
与原油混合时，可以看到出现与气举相同现象：原油变稀，较易流动。

在有些油藏中 CO_2 和油之间不能混溶，但 CO_2 仍然可以用来增产
原油。气体在油藏内会发生膨胀，降低原油黏度。这些性质综合改善了
原油的流度。

烃气和凝析油也可用于混相驱项目中。一般来说，轻烃太宝贵，所
以不能大量使用。因此，这种方法成本高。氮气和烟道气也可以使用，
但它们常常只对高温和高压井有效。

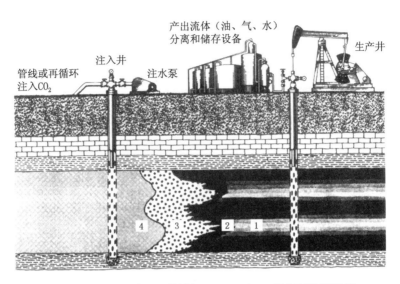

图 14.5　CO_2 混相驱（根据 Joe.R.Lindley，U.S.DOE 原图修改，美国全国原油理事会授权）

1—油层；2—油带 / 混相前缘；3—CO_2 和水带；4—驱替水

14.2.3　热力采油

采用热力 EOR 方法，可以降低原油黏度或汽化原油。在降低原油黏度或汽化原油这两种情况下，都能够使原油更易流动，更有效地驱向生产井。除了加热，这个方法还提供了驱动力（压力）。热力采油方法有两种不同的原理：注蒸汽和火烧油层。

注蒸汽一般有两个步骤：将蒸汽泵入生产井加热油层，使生产井附近的原油发生流动。将蒸汽注入注入井，穿过油藏向生产井移动，推动其前缘温热、易流动的原油向前流动。

在实际作业中，把蒸汽和热水混合物注入地层。通常，蒸汽在地面生产，部分热量损失，部分蒸汽在到达产层前可能变成热水。这种蒸汽 / 热水混合物在生产井中循环使用的方法称为蒸汽吞吐或蒸汽浸泡（图 14.6）。

火烧油层一般用于原油密度较小的油藏。不过，原油密度是在宽范围条件下的检测结果，油藏内通过注入空气和燃烧部分原油产生热量，这样，原油黏度降低，部分原油就地气化。然后通过蒸汽、热水和气驱联合作用，使原油流向生产井。

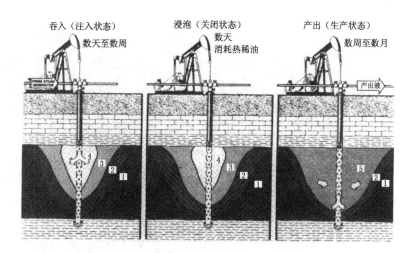

图 14.6　蒸汽循环或蒸汽吞吐增产方法（根据 Joe.R.Lindley，
U.S.DOE 原图修改，美国全国原油理事会授权）
1—高黏油；2—加热带；3—冷凝蒸汽带；4—蒸汽带；
5—可动油和冷凝蒸汽

　　应注意三次采油成本非常高，尤其当原油售价较低时更是如此。注水一般是比较经济的，所以比较常用。此外，这些方法用于开采原油，而不是天然气。让我们结束采油讨论，进一步研究是如何采出天然气的。

15 天然气加工和热电联合生产工艺

天然气处理和循环装置从直接产自气井或来自油井的油气分离装置的气流获得适于销售的流体。这种装置的大小和处理量变化很大，每天处理的气量从几百万至几亿立方英尺不等。

常规使用的油水分离器和乳状液处理设备不考虑天然气的加工，也不能除去天然气中的污染物，如灰尘、污垢、水蒸气、硫化氢和二氧化碳。这种处理称为天然气处理。另一方面，天然气加工是一种主要目的在于回收天然气中的流体的操作。

干气回注主要用于天然气或凝析油气藏，关于这种油气藏，保持油藏压力在露点（低于流体形成时）以上是理想的适合提高采收率的压力。将重烃以液态形式除去之后，所有或部分干气回注到油藏中以利于维持油藏能量。再加上经济因素，有时使天然气加工有利可图。

15.1 基本概念

15.1.1 天然气术语

用于确定天然气的术语多种多样但不甚精确。例如，考虑天然气成分时（表 15.1），可以把天然气分成"湿气"、"干气"、"富气"和"贫气"。富气或湿气意味着因其流体的价值值得对气流加工，干气或贫气则相反。简言之，这些术语类似于人们用的"胖的"和"瘦的"之类的定量术语。

天然气的度量标准是 gal/1000ft³（加仑/千立方英尺，每 1000ft³ 气流中凝析液的加仑数）和各种化学成分的百分含量。gal/1000ft³ 可以根据化学分析或标准压缩或碳吸收试验的计算结果推导出来。

术语套管头天然气一般指从井中原油伴生气得到的天然气。干气是来自加工厂适于销售的商业天然气。该术语意味着所有容易液化的成分减少到令人满意的比例。

低硫天然气指的是硫化氢、其他硫化合物和二氧化碳的含量足够低，这种天然气不需要再费力气除去那些化合物就可以进行商业销售。含硫天然气则表明相反。

表 15.1　典型的天然气组分

烃　类	含量（%）
甲烷	70 ~ 98
乙烷	1 ~ 10
丙烷	痕量 −5
丁烷	痕量 −2
戊烷	痕量 −1
己烷	痕量 −1/2
庚烷	无 − 痕量
非烃	
氮	痕量 −15
二氧化碳	痕量 −1
硫化氢	偶尔痕量
氦	痕量 −5

15.1.2　天然气液的类型

天然气液具有乙烷至癸烷正蜡烷烃性质，重质成分的含量不超过痕量。天然气含有几百至上千种烃类化合物，大多数只有痕量存在。这些天然气液一般按照它们的原始化学组成、沸点、蒸汽压、颜色、纯度和一些其他性质进行描述。如下描述是根据（美国）全国天然气加工者协会（NGPA）相应标准确定的。

（1）商业丙烷。

这是主要含丙烷或丙烯的一种烃类产品，在 100 ℉时蒸汽压低于 215psi，丙烷或丙烯的含量至少必须达到 95%。而且，必须通过包括总硫含量、腐蚀物、干度和标准试验中蒸发残留物的 NGPA 测试。

（2）商业丁烷。

与商品丙烷一样，对商品丁烷必须进行常规试验检测杂质含量。它是主要含丁烷或丁烯的一种烃类产品。在 100 ℉时蒸汽压低于 70psi。在 340 ℉以下的标准试验中蒸发量至少必须为 95%。

（3）液化石油气（LPG）。

LPG 是商品丙烷和商品丁烷混合物。最大蒸汽压力不能超过商品丙烷，蒸发残留物不能超过商业丁烷。专用混合物是在 200 ℉条件下按其蒸汽压设计的，如此设计的混合物实际蒸汽压相对其设计蒸汽压变化必须不超过 0 ~ 5psi。因此，100psi LPG 蒸汽压必须最低为 95psi，最高为 100psi。

（4）天然汽油。

这种产品是从天然气中提取的，符合下面的标准：

蒸汽压：10 ~ 34psi。

140 ℉蒸发量：24% ~ 85%。

275 ℉蒸发量：不低于 90%。

终点（蒸馏）：不高于 375 ℉。

它也必须通过规定的腐蚀、颜色和含硫物的测试。

蒸汽压通常称为雷德蒸汽压（RVP），是用于标明等级的标准测试结果。例如，发动机燃料通常是 5 ~ 8psi RVP 混合物。非常轻的油（60 ~ 70° API）RVP 为 12psi。大多数销售者把天然汽油产品规定为 14 ~ 26psi RVP。但是因为这种流体越来越多地作为炼制调和油，所以规定其不超过 18psi RVP。

（5）乙烷。

乙烷作为制造塑料、乙醇和其他化学品的基础原料，需求量日益增长。一般只在大型工厂作为单独流体生产，因为需要的资本投资很高。大多数乙烷生产厂家均位于原油化工装置附近。尽管这种流体市场迅速扩大，但是大多数加工厂仍然把乙烷作为天然气的一部分进行销售。

15.2　天然气加工方法

有几种方法可除去天然气中的液化组分：吸收法，吸附法，制冷法以及这些方法的综合。

15.2.1 吸收法

在这种加工方法中，富气与已分馏成新产品的重烃接触（图15.1）。在称为吸收器的接触塔，原油向下流，气体逆流向上流动，从而提供必要的接触。被油吸收的可液化组分的量除了取决于油气接触量，还取决于吸收器的压力和温度、油气相对流速和油气入口处的组分。

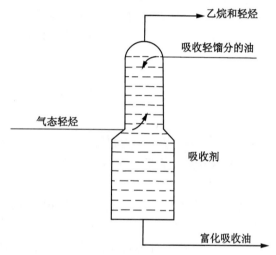

图 15.1　吸收器简图

一般吸收装置在常温，通常是 80 ～ 120 °F 下进行这个加工过程。大多数设计装置从富气中可回收丙烷 40% ～ 75%。丁烷及其以上重烃的回收率取决于原始含量及其分子质量。例如，己烷及其以上重烃回收率接近 100%。

15.2.2 制冷—吸收法装置

制冷—吸收装置在低温下工作，通过对入口油气制冷，使温度达到 −10 ～ 20 °F。大多设计高效回收丙烷（达 85%）的装置现在均用这种方法。除了温度和提供温度的设备不同外，这种装置与一般吸收装置基本相同。

15.2.3 制冷法

这种装置所依据的原理是温度越低，组分液化趋势越大。在 0 ℉ 左右可有 40% ~ 75% 的丙烷凝析出来。组分越重，析出的百分比越高。这种装置简单，因此，在非常富气流中应用最广泛，但该装置中气量受到限制。

15.2.4 吸附法

吸附装置的最常应用在装置较小和对非常贫的气流加工，一般可在现场进行。这种装置大多还可以脱去气中的水分以满足管线规范对水蒸气含量的要求。

15.3 经济与污染

几乎所有的合同均要求在输气管中的气体应该没有在输气管中会凝析的液体，无硫，水含量限制为 $7 \ lb/10^3 ft^3$。几乎在所有的情况下，满足合同要求的气体也符合流体回收系统采用的限制要求。确定装置是否获得利润，必须考虑这个因素。

现在发现越来越多的气藏和凝析气藏含大量硫化氢（H_2S）或 CO_2，需要大规模处理。因此，常常须用更大更复杂的设备来满足气体销售合同的规定。很多装置带有把回收的硫化氢转化成硫和回收 CO_2 作为商业用品的设备。这种情况下，在加工之前加工含硫气体可部分降低装置的总成本。

硫是一种非常廉价的商品，所以，硫化氢转化成硫的可行性取决于本地区其他来源的硫的开发利用的可能性。用于化学作业的原料硫运输成本很可能使它的应用受到限制，除非消费者在天然气加工厂附近或可实现低成本运输。

天然气加工是采油过程中的一个重要部分。以前，天然气只好排放到大气中或烧掉——实际上都是浪费。现在，我们掌握了利用这种珍贵天然气源的方法，振奋人心的新型替代能源之一的热电联产，就是应用这个原理的一例。

15.4 热电联产

热电联产——用一种燃料产生两种形式的能，如生产用热和电能量，给石油工业提供了一个主要的新的经济增长领域，无论是增加天然气的需求，或提高天然气处理厂的经济效益或投资发电厂，都可以促进经济增长。20世纪约有160亿美元固定证券正在这个市场交易中。

热电联产厂是以煤或以煤气为燃料（有时植物材料如泥煤或木屑刨花作燃料）产生生产用蒸汽和本厂使用或销售电力的工厂。现在很容易看到昂贵的天然气转换成其他形式的能源，或用于天然气处理厂或返销到当地动力公司。

除了增加天然气需求和天然气处理厂的利润外，热电联产可能是油田其他领域利润的又一来源。

例如，拥有巨大稠油油藏的加利福尼亚圣华金河大公司正利用热电联产促进大型蒸汽驱项目上马或进行（图15.2）。过去这种项目往往受到限制，因为原油燃烧产生的蒸汽向空中排放违反了地方的环境保护标准。但是燃烧矿场原油比燃烧更清洁的天然气便宜，因为操作者不必为产出油付矿区特许费，也不必付税款，因为产出油被烧掉而不是被销售。

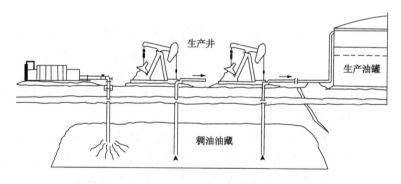

图15.2　热电联产正用于帮助稠油油藏蒸汽驱作业

热电联产动力销售有助于抵消天然气燃料成本，能使操作者把原油和天然气转换成蒸气。然后它们可以存储热辐射抵消以抵押获得的贷款，并把它们储存起来扩大项目规模（操作者散热受到限制，可能转换成其他的项目）。这种方法应该可导致这个国家稠油生产大幅增加（图15.3）。

图 15.3　加利福尼亚州克恩县重油油田的典型热电厂
（照片由 Iger 拍摄）

　　热电联产有利于长距离利用，因为它可夺回它们曾失去的以煤气为燃料的发电市场，同时避免更换或新建基本载荷厂的费用。但是对应用工业的任何调整都有限制。如果太多热电联产投产，免除的费用就会下降，很多热电联产项目就不再经济可行。此外，目前很多热电联产被要求停止，不仅有来自原油价格冲击逐渐灌输的大众节能意识，而且有来自核发电厂和其他传统发电总厂的异议。

　　对于相近的条件而言，热电联产和其他单独发电厂发电能力只有大幅增长。而且，热电联产将是持续不变的市场，因为总电力市场比热电联产单独增长大。

16 新 技 术

油气公司一直不断地开发出新的技术以优化开采速度，提高油气藏最终采收率，同时使成本不断降低，对环境不良影响最小化。

这些新技术中有些其实根本不是新技术，只不过是新应用或现有技术的改进提高。有些改进的技术涉及非常先进的计算机技术领域，该领域又不断产生更先进的油气生产技术。本文对一些较重要的原油开采技术新进展进行回顾，绝对无意包含全部。有整卷新技术专著和开辟现有技术的边缘应用，但是，下面章节包括的一些技术今天正引起生产界极大关注。

16.1 水平井和大位移井

20世纪40年代石油工业已通过斜井或水平井生产油气。但是，1979年以前几乎没钻什么水平井。那时，石油工业依靠水力压裂技术提高直井的生产能力。

而水平井或大位移井开采速度比直井的高得多，因为水平井与产层和井筒的接触面较大（图16.1）。但以前水平井或大位移井的钻井和完井费用高，限制它们的实际应用。随着钻井技术高速发展，尤其是钻井技术发展和随钻测量技术的不断创新（将在下节中涉及），情况发生了很大改变。

为了更好地理解涉及的技术，现在鼓励很多操作者选择水平和大位移井钻井、完井、试井和增产措施，通过斜井或水平井从油藏开采原油的收益有时成指数增加。因此，在世界范围形成了一股强大的钻水平井的推动力。

大位移井在成为水平井之前可分成超短、短、中等和长回转半径（图16.2）。

超短回转半径水平井的回转半径为1～2ft。钻井过程要求直井的扩孔直径至少为24in，垂直段约6～10ft。喷水口钻直径1.5～2.5in的孔，长100～200ft。

短回转半径水平井回转半径为20～40ft，井筒长约200～700ft。

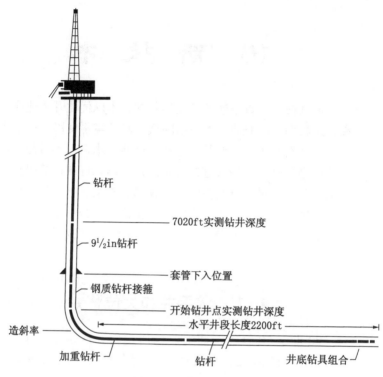

图 16.1　典型的水平井

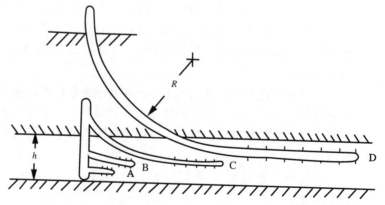

图 16.2　水平井类型（Haliburton 能源服务公司授权）

A—排水井或超短回转半径 1 ~ 2ft（0.3 ~ 0.6m）；B—短回转半径 20 ~ 30ft（6 ~ 12m）；C—中等回转半径 300 ~ 400ft（91 ~ 152m）；D—长回转半径 600 ~ 2000ft（183 ~ 610m）

原始直井完成后，紧接着在直井套管中开凿第一个 15 ~ 20ft 的窗口。通过该窗口在井眼开始造斜。造斜器和弯曲钻具钻进导向系统协助柔韧的钻铤在钻水平段之前形成短回转半径。

中等回转半径水平井回转半径为 300 ~ 500ft，水平段一般长达 1500ft。所钻的这些典型井采用井下钻井液电动机和挠性钻杆。"造斜"电动机以 20°/100ft 的速度形成井斜角度。然后水平部分用稳斜钻具钻取。

长回转半径水平井半径为 600 ~ 2000ft，用常规钻具钻取。带弯接头的钻头和井下钻井液电动机组合用于钻可超过 4000ft 的水平部分。

图 16.3 所示为地层中央水平井半径 1000ft 的水平井的日产量是直井 100d 的产油量的 10 倍，同样的井 5 年的产量是直井的 2 倍。所以，通过水平井可以最终更多、更快地采出原油（提供的油藏参数适合水平井）。更快更多的产出证明水平井钻井和完井费用增加是值得的。

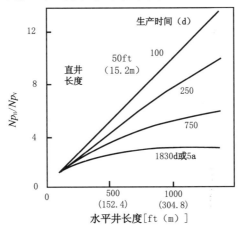

图 16.3　水平井与直井产量之比
（Haliburton 授权）

适合钻水平井或大位移井的地层与能够进行压裂的相同：低渗透地层、有气顶或底水地层、层状地层和部分亏空地层。

水平井和大位移井存在一些独特的问题，地层在钻井液中浸泡时间越长引起地层伤害越大，水平井中地层伤害比直井明显。

但是，由于水平井和大位移井与直井相比投资回报明显增加，因此，它们无疑会继续存在。

16.2 随 钻 测 井

随钻测井（MWD）必须使用专门设计的电子仪器给出从井底到地面实时状态数据，因此得名。其思路是最大限度地提高钻井精度和效率并减少停工期，降低由于循环液损失、校正钻井方位和钻头损坏等问题引起的修井费用。

随钻测井工具能够将钻井液柱的一系列压力脉冲信号通过编码数据将信息传递到地面。随钻测井系统，如 Haliburton 公司的随钻测井系统是由三种装置集成的，包括一个脉冲发生器，一个电池电源组和一个传感系统。

地面上，随钻测井装置包括：地面传感器检测钻井液脉冲，同时也可以监测深度和钻井参数；计算机系统将传输的数据编码并把它表示为实时数据；应用计算机系统分析，如利用计算机定向钻井和测绘软件及磁方位校正运算数据。

16.3 连 续 油 管

连续油管是另一种新技术，这种技术徘徊了几十年，应用具有一定的局限性，直到最近人们应用连续油管的兴趣大增，该技术才得到了很大的发展。

连续油管是整装设备，容易运输，这种液压动力修井设备可以把连续油管柱放入较大的油管柱或套管柱中或从中取出（图 16.4）。该装置可在陆上或海上使用，不需要单独的修井机。它可用于含气油井，在不断移动管柱时可以连续注入流体或氮气。

连续油管技术主要优点有成本低廉，可以替代昂贵修井机修井作业。连续油管的应用包括钻井、补注水泥、电缆测井和射孔、流体驱替、防砂、井筒清洗、安放和回收桥塞、固定装置、下封隔器、利用连续油管起出油管、调整水平井流动和偏斜完井定位，打捞仪器设备，测井、完井、控井和增产措施的应用。

连续油管钻井正成为许多作业越来越可行的选择，其中有钻探井、井眼扩展和从现有直井钻水平井等实际应用。

对于连续油管钻井，为了钻入目的层，连续下入油管件，通常采用容积式马达，由地面泵提供液压动力带动钻头转动。

图 16.4　连续油管正在作业中

在连续油管内安装电缆，用连续油管作导管，很多标准的电缆设备可用于高角度斜井和水平井。连续油管电缆服务包括生产测井、水泥胶结测井、套管检查测井和射孔。

连续油管应用涉及流体驱替，通常是与氮气驱联合，这对于研究和应用先进的流体系统以达到很多油藏管理目标是有益的。

射孔枪随连续油管送达目的层已大量应用多年，可以提供快几倍的运转速度，可在欠平衡井况下和常规射孔不易实现的水平井中射孔，可用连续油管作生产管柱。

当放置树脂材料进行防砂时连续油管具有明显的优势，可以减少界面稀释和污染以及封隔器的使用。把连续油管底端直接对准射孔眼，砂粒几乎立即进入射孔眼中。

连续油管用于增产措施井时，能把处理液精确放置于目的层的最有效方法。利用连续油管进行增产措施作业，还能防止处理液进入生产油管内，避免在生产油管上沉淀和结垢造成酸污染，提高酸化作业的成功率。连续油管装置也可以注入防蜡和防腐剂。

连续油管的优点包括：提高作业效率因为作业井不必关井；大大缩短了装配和运行时间；因为在任何作业中不需使用压井液，所以降低了地层损害。

Haliburton 能源服务公司声称连续油管与常规钻井和修井作业相比

还具有环境优势，因为装置配件不多，故可以减少井场占地面积；因为连续油管直径比常规油管小，故钻井液用量少；降低噪声等级；因为不需要铁架塔，故减少高大的外部装备；因为连续油管装置大约只有运输常规钻机需要的卡车荷载的十分之一，故减少对路面的损坏；需要处置的地层岩屑量较少。

16.4 三维地震

在过去 20 年地震技术发展中，没有人着手把二维地震有效推广到三维地震。其原因如下：地震波传播是三维的，而地下构造总是具有某些三维复杂性，因此，二维地震地下成像的能力也常常具有很大的局限性。

16.4.1 增加空间覆盖密度

在沿孤立测线可得到 2D 数据的地方，需要采集并处理三维数据体，这样叠加和偏移形成的迹线在远景区以矩形网格紧密分布。

间隔均匀的高密度测线为解释者提供了关于地下 3D 数据体的详细信息。从 3D 数据体中提取所需要的横剖面进行显示和分析。因此，解释者可以分析矩形网格主方向上分布间隔很近的横剖面，不必在大的数据间隔进行内插。

根据三维振幅体资料，人们也可容易沿着所希望的锯齿形路径（如连接井位的环形线）提取垂直剖面，实际上，分析用提取的剖面不必是垂直的。

通过以不变的间隔距离进行水平方向的数据切片可以充分理解构造特别是断层的情况。同样地，可以沿着弯曲的地震反射面对地震属性，如振幅、主频和导出间隔进行作图并加以显示。

16.4.2 增强地下成像

除加密 3D 勘测覆盖密度增强侧向详情资料之外，通过 3D 地震数据偏移可使地下成像质量显著提高。2D 勘测数据不完善，偏移最好但不全面。

2D 勘测数据处理不能包括测线面外分散引起的反射能量。通过 3D

偏移处理取得了从 2D 到 3D 地震的巨大进步，这只有在地震勘测区加密 3D 数据覆盖才可能取得。3D 地震数据偏移所取得的地下成像的进步对勘探目的层是水平层与对高角度构造层同样重要。此外，合适的保存振幅对反演以便到薄层孔隙度模型是很必要的，这需要精确确定同相轴的位置，用 3D 偏移可以对同相轴精确定位。

16.5　油田范围圈定以及管理和监测

历史上，地震方法已成为油气勘探的一种主要工具，起到了降低发现新油田风险的作用。现在，在已钻发现井之后开发油藏的最大成本常常是用于圈定油田范围。随着 3D 地震精度的增加，3D 地震可进行地下成像，从而成为圈定油田边界和分析油田非均质的一种关键工具。

用 3D 地震偏移数据进行构造解释和建立岩性模型以测井数据内插为基础，这可以进行精细的油藏描述，进行油藏模拟和油藏管理。

目前 3D 地震已用于监测各种提高采收率项目的进展过程，比如监测注水和蒸汽驱的开发动态，确定提议的注入井部署位置。3D 地震在油藏描述、油田开发和油田管理方面所取得的经济效果支持了该技术应用和发展。3D 勘测费用在开发油田所需要的生产井和注入井费用中只占很小的一部分。

3D 地震并不是一种新概念，最近在地震数据处理、显示和交互式解释的精度和效率方面已经取得了显著进步。这些进步使 3D 地震方法成为优化油田开发和管理的一种经济有效的工具。

17 前景展望

　　了解有关油气生产之后，可能有必要思考油气生产行业的未来。

　　因为几乎只要这个行业存在，就一直被反复警告石油行业转行即将来临。根据权威人士进行的评估，石油储量在迅速减少，这就意味着世界原油很快就会用完（天然气似乎没有这个问题）。每次预测结果都证明这是错误的。油气资源正在缩减的警告带来的预想不到的结果是刺激了控制这个行业的改革者和风险承担者去寻找更多的石油。

　　20 世纪 70 年代油价冲击证明当人们感到原油匮乏时，不可避免导致油价上涨，而油价的上涨反过来又刺激人们去发现更多的石油。即使当美国和其他国家从事开发替代能源和合成燃料及提高能源使用效率的速成研究时，其动机仍然是寻找和生产更多的原油。

　　20 世纪 70 年代初，恰好在供油危机之前，世界原油总探明储量约为 $6000 \times 10^8 bbl$，到 1986 年原油价格下跌时，原油储量跃升到 $7000 \times 10^8 bbl$。当时的环境是石油的实际和标定价格都比今天高得多。自从 1986 年以来，原油实际价格经常处于历史上最低价位，总原油储量已跃升到 $1 \times 10^{12} bbl$。在不到十年储量增加 40% 以上，当时的价格怎会不降低！

　　针对原油即将用完采取的一些什么措施带来了什么结果呢？能源保护措施已经达到成本效益的极限，工业国家人均能源消费几乎没有多大提高。替代能源如太阳能和风能，合成燃料如页岩油和生物燃料，以及新能源技术如熔化和氢燃料仍然是遥远的未来，浪费时间和金钱，是得不偿失的事。20 世纪 80 年代初期美国政府试图通过法令极力吹捧合成燃料工业，没有取得什么效果，只留下一个政府干预计划能源市场的称号。

　　石油价格下跌使原油日益缺乏和价格不断上升成为神话。供需迟早会达成平衡，油气价格可恢复到接近它实际代替物的水平。

　　最近有关石油工业逐渐萎缩的预测来自环境保护游说团，如果继续如此依赖不可再生燃料的话，预计地球将继续存在环境大战。石油工业是环境保护者偏爱的目标，这已经不是什么秘密，主要因为石油是世界上最关键的燃料产品，由于原油价格冲击和灾难性原油溢出这样的异常事件产生一些负面影响，因而容易成为环境保护者的目标。

20 世纪 90 年代的 10 年是环境保护的 10 年，主要是由于 1989 年埃克森瓦尔德兹（Exxon Valdez）大油轮的原油在阿拉斯加泄漏引起。因为继埃克森瓦尔德兹油轮漏油事件之后又发生了另外几起石油泄漏事件，环境保护条例使油气工业的环境保护费用负担越来越重，无论业内还是业外很多人都意识到环境保护运动的复兴给石油工业敲响了警钟。

极其严格的环境保护措施对石油工业带来了威胁，美国石油学会早在 1995 年研究考虑的新联邦环境要求使美国勘探和开采业新增大约 35200 个职位的工资，可能还需要约 19300 个间接人员。此外，履行石油行业环境保护规则的初期费用可能达 96 亿美元，5 年内上升到 142 亿美元。API 主张提议对空气、水、化学废弃物、地下注入进行严格控制和对生产废料进行处理，可能促使美国 171000 口油井和 33000 口气井关闭。

然而，现在美国和其他很多国家存在一种趋势，就是尽量无环境保护规则或少环境保护规则；政府不加入或少加入市场。美国对引入的表面上对空气质量有利的新配方汽油在某污染严重地区进行了最新试验，结果表明一旦人们开始认识到需要花费他们更多的钱，即使是对环境有利，很多人仍然会反对政府对原油市场新的干涉。

这不是风凉话，相反，它预示不知情的公众已开始担心政府管辖范围扩大，发现不能接受与政府环境保护措施有关的高额费用，政府应该在仔细分析成本 / 效益比的条件下合理地提出这些措施。越来越多的公众准备对这些在世界竞争日益激烈的情况下增加本身就十分脆弱的经济成本的规则或法律提出质疑，尤其是在其他国家并没有紧随采用类似措施时。

现在舆论普遍认为在未来很多年，或许是下个世纪的多半个世纪，各种常规形式的油气将继续在世界总能源中占优势地位。无疑，在今后 20 年左右，当发展较快的国家进入工业化国家曾经独占的行列时，油气需求将继续增长。

尽管多数人预测并呼吁未来 20 年原油需求量将大幅上升，由于资金限制了 OPEC 迅速大量增加生产资金，供需较难平衡（表 17.1），不会有较长期的油价冲击。这刚好适于油气工业的发展，因为它确保正常的长期增长前景。如表 17.2 和表 17.3 所示，在美国所有开始生产的地区甚至最成熟的生产区，在未来很多年其油气产业可能有望具有继续保持良好的生产能力。

表 17.1 世界原油消费和生产基本情况

能源信息管理国际能源展望——1993 年
世界原油消费和生产基本情况
（×10⁶bbl/d）

供应部署	历 史			远 景		
	1989 年	1990 年	1991 年	1995 年	2000 年	2010 年
市场经济产量						
美国	9.88	9.68	9.88	9.0	8.3	8.6
加拿大	2.03	2.02	2.04	2.1	2.1	2.2
OECD 欧洲	4.38	4.54	4.78	6.2	6.2	4.6
OPEC	23.81	25.10	25.41	28.4	33.1	42.7
其他国家	10.43	10.80	11.05	13.1	13.6	12.2
净 CPE 出口	2.09	1.88	1.27	0.9	0.7	0.0
合计	52.62	54.02	54.43	59.5	54.0	70.3
消费						
美国	17.33	16.99	16.71	18.2	19.3	21.0
美国领地	0.21	0.21	0.24	0.2	0.3	0.3
加拿大	1.73	1.69	1.61	1.7	1.8	1.8
日本	4.98	5.14	5.29	5.7	6.1	6.5
澳大利亚和新西兰	0.79	0.82	0.80	0.8	0.9	1.0
OECD 欧洲	12.83	12.91	13.33	13.9	14.5	15.0
其他市场经济	14.92	15.69	16.30	19.4	21.5	25.0
合计	52.79	53.45	54.28	59.8	64.3	70.6
差距	0.22	−0.07	−0.22	0.3	0.3	0.3
中央计划经济（CPE）产量						
中国	2.76	2.77	2.80	2.9	3.1	3.5
前苏联	12.14	11.40	10.41	8.4	9.3	11.2
其他	0.43	0.41	0.39	0.4	0.5	0.6

能源信息管理国际能源展望——1993 年

世界原油消费和生产基本情况

（×10⁶bbl/d）

供应部署	历　　史			远　　景		
	1989 年	1990 年	1991 年	1995 年	2000 年	2010 年
合计	15.33	14.58	13.60	11.7	12.9	15.3
消费						
中国	2.38	2.30	2.46	2.9	3.2	4.0
前苏联	8.74	8.39	8.20	6.3	7.2	8.9
其他	2.12	2.01	1.67	1.6	1.8	2.4
合计	13.24	12.70	12.33	10.8	12.2	15.3
世界原油消费	56.03	66.15	66.60	70.6	76.5	85.9

表 17.2　勘探、钻井和生产展望

	1993 年	1994 年	1995 年	1996 年	1997 年	1998 年	1999 年	变化 1994—1999 年	变化（%）1994—1999 年
美国钻井能力									
钻机能力	757	805	880	920	1000	1090	1190	385	47.8
完井	24936	26520	28670	30170	32650	35540	38610	12090	45.6
进尺（×10³ft)	138775	147500	159690	168350	182570	199020	216600	69100	46.8
平均井深（ft)	5565	5562	5570	5580	5590	5600	5610	48	0.9
每台正常钻机钻井数（口）	32.9	32.9	32.6	32.8	32.7	32.6	32.4	−0.5	−1.5
每台正常钻机进尺（×10³ft)	183322	183230	181466	182989	182570	182587	182017	−1213	−0.7

续表

	1993 年	1994 年	1995 年	1996 年	1997 年	1998 年	1999 年	变化 1994—1999 年	变化 (%) 1994—1999 年
收入和支出									
井平均支出（美元）	377000	385000	398060	412520	428150	444720	459170	74170	19.3
井口总收入（百万美元）	73623	77570	83918	88905	96443	105371	114377	36807	47.5
钻井总支出（百万美元）	9401	10210	11412	12446	13983	15805	17729	7518	73.6
钻井投资占井口收入百分比（%）	12.8	13.2	13.6	14.0	14.5	15.0	15.5	2.3	17.8
生产									
资金支出（百万美元）	2318	2458	2741	3010	3356	3695	4255	1797	73.1
生产井——油井和气井（年底）	872700	866770	861200	856400	852400	849600	846900	−19870	−2.3
废弃井	25000	26000	27000	28000	29000	30000	32000	6000	23.1
价格									
原油（美国井口平均，美元/bbl）	14.24	15.00	16.00	15.50	16.00	17.00	18.00	3.00	20.0
天然气（美国井口平均，美元/10^3ft^3）	1.97	2.10	2.30	2.60	2.90	3.20	3.50	1.40	66.7

表 17.3　2003 勘探、钻井和生产展望

	1993 年	1998 年	2003 年	变化			变化（%）		
				1993—1998 年	1998—2003 年	1993—2003 年	1993—1998 年	1998—2003 年	1993—2003 年
美国钻井能力									
钻机能力	757	1090	1660	333	570	903	44.0	52.3	119.3
完井	24936	35540	52970	10604	17430	28034	42.5	49.0	112.4
进尺（×10³ft）	138775	199020	299280	60245	100260	160505	43.4	50.4	115.7
平均井深（ft）	5565	5600	5650	35	50	85	0.6	0.9	1.5
每台正常钻机钻井数（口）	32.9	32.6	31.9	−0.3	−0.7	−1.0	−1.0	−2.1	−3.1
每台正常钻机进尺（ft）	183322	182587	180289	−735	−2298	−3033	−0.4	−1.3	−1.7
收入和支出									
井平均支出（美元）	377000	444720	524360	67720	79640	147360	18.0	17.9	39.1
井口总收入（百万美元）	73623	105371	158731	31748	53360	85108	43.1	50.6	115.6
钻井总支出（百万美元）	9401	15805	27775	6404	11970	18374	68.1	75.7	195.5
钻井投资占井口收入百分比（%）	12.8	15.0	17.5	2.2	2.5	4.7	17.5	16.7	37.0
生产									
资金支出（百万美元）	2318	3695	6667	1377	2972	4349	59.4	80.4	187.6
生产井——油井和气井（年底）	872700	849600	834000	−23100	−15600	−38700	−2.6	−1.8	−4.4
废弃井	25000	30000	40000	5000	10000	150009.76	20.0	33.3	60.0
价格									

续表

	1993 年	1998 年	2003 年	变化			变化（%）		
				1993—1998 年	1998—2003 年	1993—2003 年	1993—1998 年	1998—2003 年	1993—2003 年
原油（美国井口平均，美元/bbl）	14.24	17.00	24.00	2.76	7.00	9.76	19.4	41.2	68.5
天然气（美国井口平均，美元/10³ft³）	1.97	3.20	4.70	1.23	1.50	2.73	62.4	46.9	138.6

专业术语表

声波测井(acoustic log)

记录超声波信号通过岩层的值，以识别地层的岩性、孔隙度和流体饱和度。

酸增强剂(acid intensifier)

加速或强化酸的化学反应的强化添加剂。

酸抑剂(acid inhabitor)

阻止或抑制酸的化学反应的抑制添加剂。

背斜(anticline)

以纵向隆起形式存在，油气可能在其中聚集成藏的上凸地层。

环形空间(annulus)

井下钻杆或套管和井壁之间，或生产油管和套管之间，或表层套管和生产油管和套管之间的空间。

API重度(API gravity)

美国石油学会制定的表示原油及其他液态烃的密度（每单位体积的质量单位）。

人工举升(artificial lift)

当天然驱动能量不足时采用的机械采油方法。

沥青质(asphaltene)

原油和各种沥青产品中的深色胶质组分。

油罐自动液面测量计(automatic tank gauge)

用一根绳子末端浮标的位置显示出油罐液面高度的仪器。

提捞桶(bailer)

在绳式顿钻钻井中采用的长筒收集器，用于清除井下的岩屑和钻井液。

重晶石(barite)

用于增加钻井液密度的加重材料（矿石）。

驳船(barge)

一种不能自航的海船，用于在海上作业时搬运、装卸和存放材料或设备。

（油罐）底水渣(basic sediment and water)

原油中的杂质。

层理面(bedding plane)

分开沉积岩各层的分界面。

斑脱岩(bentonite)

主要由黏土矿物和硅土组成的吸附性很强的岩石。

井喷(blowout)

油或（和）气无控制地从井中喷发。

防喷器(blowout preventer)

一种直接安装在套管或钻柱上，紧急情况时可用于关井的一种安全装置。

碰压(bumping the plug)

当上胶塞到达浮箍位置，或与浮箍相碰时，泵压显著升高。

绳式顿钻钻井(cable tool drilling)

用钢丝绳悬挂钻具反复冲击。

井径测井(caliper log/logging)

记录井眼直径与深度关系的测井方法。

悬臂式桅杆钻机/折叠式轻便钻机(cantilevered mast/jackknife derrick rig)

装配了一个悬臂起重机的钻机。井架大腿木桁架的肩部装以铰链，以使得井架可以降低并整体搬运。

套管(casing)

下入井内保护井壁的钢管，起到封隔井眼和防止地层流体侵入井眼的作用。

下套管完井(casing completion)

通过将套管下入井中而完井。

套管悬挂器(casing hanger)

在井中支承或悬挂套管的装置，通常具有防套管滑脱的机械齿。

井口天然气(casing head gas)

从油井中与原油一并产出的天然气。

水泥促凝剂(cement accelerator)

促进水泥凝结，减少候凝时间的水泥添加剂。

水泥添加剂(cement additive)

用于调节水泥浆性能的各种处理剂，可实现水泥浆密度控制、流体漏失减小和凝结时间控制等。

水泥胶结测井(cement bond log/logging)

井中注水泥作业后沿套管壁检查固井质量的测井方法。

水泥缓凝剂(cement retarder)

延缓水泥凝结的添加剂，提高水泥在高温深井中的泵送能力。

注水泥(cementing)

套管固结作业，通过往井内挤注水泥浆，使其从套管底返回到套管与井壁之间的环形空间，以隔绝井中的不必要流体。

单流阀(check valve)

只容许流体向一个方向流动的阀门。

化学螯合剂(chelating agent)

在溶液中能提供多个原子与金属形成配位键，生成环状螯合物的有机化合物。

采油树(christmas tree)

安装在生产井井口的采油装置总称。

热电联产(cogeneration)

在生产电力的同时生产热或生产用蒸汽。

套管接箍测井(collar locator log/logging)

用接箍定位器确定钻柱接箍的位置以及测定井深的测井方法。

络合剂(complexing agent)

在溶液中与其他物质混合的物质。

电导率(conductivity)

介质传导电流的特性、能力或趋势。根据地层组成物质的不同，介质的电导率也不同。

导管(conductor pipe)

大直径套管，用于防止井口坍塌并将井中返出的钻井液引导至钻井液池。

原生水(connate water)

油气储层中的地层水。

受控制的酸化处理(controlled acidizing treatment)

泵送酸溶液入井中产层，作业过程受油管和井中的最少量的驱替液控制。

常规射孔套管完井(conventional perforated casing completion)

在井中下入套管并加以射孔实施完井。

岩心分析（core analysis）

对岩心样品进行分析，这些岩心样品从井下切割，并取至地面用以分析。

岩心筒（core barrel）

底部装有切削刃，可在井底取心的专业圆筒装置。

岩心录井（core log）

岩心分析资料和岩性与深度关系的记录。

取心（coring）

在井下钻取岩样，并将岩样取至地面用以分析。

取心钻头（coring bit）

一种专门用于井底取心、采集岩样的钻头。

腐蚀（corrosion）

金属的化学或电化学变质作用。

缓蚀剂（corrosion inhibitor）

用以制止或抑制腐蚀作用的添加剂（或化学制剂或处理剂）。

原油（crude oil）

未经炼制的石油，如刚从井中采出的油。

岩屑（cutting）

钻井中被钻头破碎，并被循环的钻井液携带到地面的岩石碎屑。

计日制合同（day/day-rate contract）

一种钻井合同，其规定在一口井钻到预定深度之前按天支付给钻井承包商薪金的合同。

破乳（demulsifier/demulsifying）

通过降低包裹水滴油膜的表面张力破开原油/水乳状液的化学作用。

井架（derrick）

树立在井场，用于支承钻井设备和一根用于起下油管和套管的桅杆式钢架结构。

开发钻井（development drilling）

在已经证实有开采价值的资源区钻井。

金钢石钻头（diamond bit）

在切削面镶有工业金刚石的钻头。

地层倾角测井（dip log/logging）

记录地层倾角与深度之间的关系的测井方法。

定向钻井（directional drilling）
非直井钻井。

定向测井（directional log/logging）
记录井眼偏斜的测井方法。

溶解气驱（dissolved gas drive）
见 solution gas drive/dissolved gas drive。

穹隆（dome）
地下地层侵入到上覆地层，有时刺穿上覆地层的地质背景。

刮刀／鱼尾钻头（drag/fish tail bit）
带有鱼尾状切削齿的钻头，通过破碎、刨削钻进，尤其适用于软地层的钻探。

泄油孔完井（drainhole completion）
以某种水平井眼或非垂直井眼形式完井。

绞车（drawworks）
在钻机上安装的提升系统、离合器、动力装置、刹车和其他机械设备的总称。

钻铤（drill collar）
钻杆和钻头之间的粗管状连接杆。

钻柱（drillstem）
见 drill string。

司钻记录（driller's log）
涉及开钻时间、井径、钻头、仪器下入深度、进尺、套管下入和井下异常情况等方面的钻井记录。

钻时录井（driller's time log）
钻头钻凿一段岩层所需时间的记录。

钻杆柱（drill string）
钻井所用设备构成的管柱，包括方钻杆、钻杆、钻铤、稳定器和钻头。

钻头（drilling bit/drill bit）
安装在钻柱底端的切削工具或磨削工具。

钻进突变（drilling break）
钻井时钻进速度发生变化。

钻杆（drillpipe）
组成钻杆柱的管道，是钻杆柱的基本部分。

钻探船(drillship/drilling ship)
外侧安装有井架的船。

中途测试(drillstem testing)
通过井下钻柱采集地层流体样品。

干井(dry hole)
钻探不成功的井,即未发现油气的井。

干气(dry/lean gas)
仅含少量液态烃类的天然气。

电测井(electric log/logging)
测量地层和地层流体电特性的测井方法。

乳化钻井液(emulsion drilling fluid/mud)
用油基乳化液配制而成的钻井液。

提高原油采收率技术(enhanced oil recovery)
一般指三次采油技术,即通过改变油藏中的原油特性提高原油的采收率。

断层(fault)
地壳的破裂带,常伴随着断裂两盘的相对位移。

指进(fingering)
采油期间发生的水或气侵入储层的现象。

固定式钻井平台(fixed-platform rig)
通过打桩固定在海底的钻井装置。

自喷井试井(flow test)
一口井按一定的产液速度敞喷期间,通过测量井段的总压降和每单位压降确定井的生产能力。

降滤失剂(fluid loss additive)
水泥中混合的添加剂,用以减小渗滤速度,防止注水泥作业时流体漏失。

泡沫钻井/雾沫钻井(foam/mist drilling)
采用低密度泡沫流体作为钻井液的钻井方法。

褶皱(fold/folding)
岩层发生弯曲或变形,但未断裂或破裂。

包进尺合同(footage/footage-rate contract)
一种钻井合同,其规定根据钻井进尺计酬支付给钻井作业者。

地层损害(formation damage)

井眼附近因地层条件而阻碍生产的情况。

地层评价(formation evaluation)

利用包括钻井液和岩屑分析录井、取心及岩心分析、电缆测井、井壁取心、电缆式地层测试和中途测试等各项技术评估地层的产油气潜力及其容量。

压裂处理(frac/fracturing treatment)

使地层破裂产生裂缝提高地层渗透率的地层处理技术措施。

游离气(free gas)

在储层中，密度大于自身的储层流体（如原油）、呈游离状态的天然气。

摩擦损失(friction loss)

由于机械运动部件之间的机械摩擦而引起的机械能量损失。

减阻剂(friction reducing additive)

促进水泥浆在低速泵入条件下进入紊流状态的水泥添加剂。

自然伽马测井(gamma ray log/logging)

记录地层天然放射性强度的测量值，用以识别地层岩性的测井方法。

气顶(gas cap)

在储层中位于密度大于自身的储层流体（如原油）之上、呈游离状态的压缩天然气。

气顶驱动(gas cap drive)

利用油藏流体上方游离压缩天然气的膨胀作用所产生的驱动力。

天然气处理(gas conditioning)

包括油气分离、乳状液处理以及气体净化等天然气处理措施。

气举(gas lift)

利用压缩气体降低密度把井内原油举升到地面的一种人工采油方式。

气举阀工作筒(gas lift mandrel)

用来固定气举阀装置的部件，有常规、电缆偏心式，电缆同心式或膜盒式，气举阀置于工作筒中，通常是根据油管或套管中的液流而选择装配类型。

气油比(gas-oil ratio)

单位体积的原油中所含天然气的体积。

气体加工(gas processing)

以萃取液化石油气为目的的天然气处理。

胶凝(gel)

可与水或油结合形成乳化剂的黏性物质，用于悬浮砂子和其他用途。

砾石充填(gravel packing)

用砂砾充填井周的空穴，防止发生崩落和（或）出砂。

分离罐(gun barrel)

用以分离油水乳状液的沉淀罐。

重质油(heavy oil)

API 重度等于或小于 20YMBOL176/f 的原油。

高密度水泥添加剂(heavy weight cement additive)

加入水泥浆以增加其密度的水泥添加剂。

横向一体化(horizontal integration)

指类似油田的经营或辅助管理。

蒸汽吞吐(huff and puff)

向井中循环注入蒸汽/热水的增产措施。

水合物(hydrate/gas hydrate)

包含了气体分子的结晶物质，堆积在输气管道中形成堵塞。

独立生产者(independent producer)

无纵向业务管理的石油生产商。

界面张力(interfacial tension)

两种液体接触界面处的表面张力。

带折叠式井架的钻机(jackknife derrick rig)

见 catilevered mast/jackknife derrick rig。

自升式钻井平台(jackup rig)

通过可伸缩的腿抬高、放低钻井平台。

节理(joint)

岩石表面未发生明显位移的裂缝或裂口。

方钻杆(kelly)

位于钻台和钻杆之间，横截面为正方形或正六边形的钢制管件。

压力突降(kick)

井中压力突降。

迟到时间(lag time)

岩屑从井底循环返至地面的时间。

租地员 (landman)

石油公司和地主间关系协调人，包括租赁担保、租赁合同修改和其他必需的相关协议的协调签订人员。

侧向测井仪 (laterolog)

使得测量电流呈放射状通过地层实施测井的测井仪。

低密度水泥添加剂 (lightweight cement additive)

用于降低水泥浆密度的添加剂。

液化天然气 (liquefied natural gas)

气体（主要是甲烷）通过冷却和压力处理使之液化。

液化石油气 (liquefied petroleum gas)

通过特殊处理使之液化的轻质烃（主要为丙烷和丁烷）。

岩性 (lithology)

根据岩石的颜色、结构、矿物组分和颗粒大小得出的岩石的物理性质。

漏失 (lost circulation)

大量的钻井液漏失到已钻开地层中。

堵漏剂 (lost circulation additive)

水泥添加剂，用于防止在注水泥作业期间发生漏失。

主要的石油生产商 (major/major producer)

美国的几家大石油公司，如 Exxon 公司、Mobil 公司、Texaco 公司、Chevron 公司和 Amoco 公司。

起下钻 (making a trip)

见 tripping/pipe tripping。

桅杆式井架 (mast)

见钢缆立式井架，用于悬挂钻井或修井作业，或安装起重架的框架结构。

微侧向测井仪 (microlaterolog)

一种电阻率测井仪，具有一个中心电极以及其四周环绕的三个同心环状电极。

微电极测井仪 (microlog)

安装在绝缘极板上电极彼此间距很小的电阻率测井仪。

运移 (migration)

指石油和天然气在地壳中的运动，初次运移指油气从烃源层或烃源岩向渗透性岩层运动过程。

采矿权(mineral right)
在一块区域中可拥有的矿产所有权。

流度比(mobility ratio)
一种工作液的流动性与另一种工作液的流动性之比。

泥饼(mud cake)
沉淀在井壁上的钻井液堆积物和岩屑颗粒。

钻井液录井(mud log/mud logging)
钻井过程中记录钻井液性能及变化的作业。

钻井液录井设备(mud system)
包括钻井液存储槽及循环系统组件在内的设备总称。

多层完井(multiple−zone completion)
有一层以上生产层的井的完井。

多级注水泥(multistage cementing)
利用端口接箍在井中下套管后对多个层位实施注水泥作业。

天然气(natural gas)
以气体形式存在的石油,如气态烃和水蒸气的混合物。

天然汽油(natural gasoline)
从天然气或井口的凝析液中离析出来的轻质液态烃混合物。

中子测井(neutron log/logging)
记录人工发射的放射性射线在井中的情况以测量地层流体的测井方法。

油基钻井液(oil−base drilling fluid/mud)
用油作为基本组分配制的钻井液。

油气显示(oil/gas show)
钻屑或循环钻井液所反映出的油气迹象。

油层套管(oil string)
下了套管的井段,此井段的地层可以产油。

裸眼完井(open−hole/barefoot completion)
将油层套管置于产层上方,使产层保持裸眼状态的完井方法。

裸眼测井(open−hole log)
仅在没有下入套管的井中实施测井的一种电测井方法。

盖层(overburden)
覆盖在一种矿藏或其他有价值的矿藏上方的地层。

封隔器(packer)

当注水泥或酸化作业时或当封隔某井段时用于封隔油管或套管的可膨胀塞子。

密闭[酸] 处理(packer method)

控制性酸化处理,采用这种处理方法,密闭器可避免井筒中的酸液上返。

生产井段(pay section)

产层。

射孔(perforate/perforation)

射穿正对着生产层的套管形成油气流入井筒的流道。

射孔枪(perforation gun/tool)

对油层部位套管进行射孔的一种工具。

射孔井,深测井(perforation depth log/logging)

射孔后沿套管探测、记录下的射孔深度。

永久完井法(permanent well completion)

将油管下入井中,装好井口装置后油管柱就不再变动的完井方法。

渗透率(permeability)

岩石孔隙的连通性,流体克服岩石阻力在岩石中流动的能力度量单位。

石油(petroleum)

烃的通称,包括原油、天然气、液态天然气及精制石油产品。

先导性注水(pilot flood)

为了评价开发程序及评估和预测注水开发动态而实施的试验规模的注水方案。

回堵(plugback)

封堵油井套管将井筒中的产层与其他衰竭井段隔离。

孔隙/孔隙度(pore/porosity)

岩石中的小孔或空隙/含油岩层的一种参数。

支撑剂(proppant/propping agent)

当回收压裂液时使地层裂缝维持开启状态的颗粒状物质。

探明储量(proved reserve)

已发现并决定开采,但还未开采的石油数量。

放射性测井(radioactive log)

通过测量天然放射性和人工放射性能量以识别岩石岩性及流体性质的测井方法。

放射性示踪测井(radioactive tracer log/logging)

探测、记录地层或井下微量放射性物质踪迹的测井方法。

读数盒(reading box)

在油罐外部的上方嵌有玻璃窗的盒子，一个自动油罐标尺悬挂在盒中，示出油罐中的液面高度。

雷德蒸汽压(reid vapor pressure)

蒸汽压力的测量值，以第 100SYMBOL 176 "Symbol" F 的汽油样品的压力为基准指数。

油藏驱动(reservoir drive)

油藏中使得油层流体向井筒流动，并上返至地面的能力。

储集岩(reservoir rock)

可储集油气的沉积岩。

干气(residue gas)

经处理并脱出液体的天然气。

电阻率(resistivity)

反映地层阻碍电流通过的能力或趋势的参数，其随地层组成的不同而变化。

阻化酸(retarded acid)

酸溶液，其中加入了某些物质以延缓活性，使之在完全作用前能进入地层更深处。

牙轮钻头(rolling−cutter/roller bit)

由钻头与接头焊接在一起形成的锥形体的岩石切削工具，每个钻头接头支承一个带有切削齿的旋转式锥形轮。

旋转钻井(rotary drilling)

通过整个钻柱旋转钻进地下的钻井方法，钻头的选择没有限制。

转盘(rotary table)

钻井平台的旋转部分，其将动力转换成旋转运动。

起下钻(round trip)

见 trippig/pipe tripping.

矿区使用费(royalty)

石油开发所有权的一部分，不包括发现和开采石油应支出的费用。

含盐水泥(salt−saturated cement)

适用于含盐地层或对水敏感的泥岩层固井的特种水泥。

岩屑录井(sample log)

井中岩屑样品相对于井深的记录。

防砂完井(sand-exclusion completion)

在产层段下入割缝衬管或充填砾石的方法控制出砂的完井方法。

出砂(sand production)

井中随钻井液一起产出的砂粒。

脱砂，滤砂(screen-out)

从产出液中分离出砂子。

二次采油(secondary recovery)

通常指采取注水驱油的增产措施。

沉积岩(sedimentary rock)

沉积物受后来的沉积挤压成层的岩石。

自然电位(self-potential/spontaneous potential)

天然物质的电压量。

半潜式钻井平台(semisubmersible rig)

由水下浮桥支承的浮式钻井平台。

螯合剂(sequestering agent)

可置换出溶液中的金属离子的物质（可能是螯合物，也可能是混合剂）。

[车装] 修井机/作业机(service/pulling unit)

修井作业的专用装置，可修复井下设备，恢复生产。

套管鞋(shoe)

一种保护性金属板。

井壁取心(sidewall coring)

从井壁钻取岩石样品，并将其返至地面以作分析。

单级注水泥(single-stage cementing)

下套管只对某一层实施注水泥作业。

压降(sink)

井眼附近地区在泄油范围内的压力梯度。

液塞(slug)

注入地层中的用于驱替或驱动储层流体流动的一定量的液体。

溶解气(solution gas)

溶解于油藏流体（如原油）中的天然气。

溶解气驱(solution gas drive/dissolved gas drive)

由油层中溶解的天然气膨胀所产生的力驱油。

酸性气体(sour gas)
含大量硫或硫化物的天然气体。

烃源岩(source bed/source rock)
油气生成的初始位置的岩层，但并不一定是油气富集位置的岩层。

废酸(spent acid)
酸溶液的残液。

挤注水泥(squeeze cementing)
强制性使水泥进入井壁的射孔孔眼、裂隙和其他开口。

多级分离(stage separation)
在地层中连续使用多个油气分离器，以改变油的 API 重度和油气比。

蒸汽吞吐(steam soak)
往井中注入蒸汽或热水的增产措施。

扩边井(step-out well)
在已勘探的开发区附近的未探明地区钻的井。

库存罐(stock tank)
租赁区的储油罐。

地层(strata)
成层的沉积物或沉积岩。

低产井(stripper/stripper well)
单井日产量低于一定限度的油井，如不超过 10bbl/d 的油井。

抽油杆(sucker rod)
连接井下油管中的抽油泵和地面抽油机的一系列钢制杆件。

地面设备(surface equipment)
油田中用于生产和处理油气的租赁设备总称。

地面使用权(surface right)
一块土地的所有权，但不同于拥有这块土地下面的矿产的所有权。

表面活性剂(surfactant/surface active agent)
可减小溶液表面张力的化学添加剂。

抽汲(swabbing)
利用与钢丝绳相连接的专用工具实施的清理井筒的作业。

无硫气(sweet gas)
含极少量硫或硫化物的天然气体。

向斜(syncline)

一种凹陷的地质构造，它的褶皱地层可能形成圈闭。

油罐组(tank battery)

包括油气分离装置、处理设备和储存设施在内的油田设备的总称。

油罐量测(tank strapping)

测量油罐，计算油罐存油容积。

储罐计量表(tank table)

根据油罐内液面高度计算得出的油罐储油能力的报表。

温度测井(temperature log/logging)

记录井下温度与深度之间关系的测井方法。

热力采油(thermal recovery)

三次采油法，即通过对油藏的热处理，如火烧油层、蒸汽驱和其他加热油藏的方法增加原油产量。

三次采油(tertiary recovery)

通过改变油藏中的原油性质以便提高原油采收率而进行的油藏开采方法。

圈闭(trap)

一种地质构造，即限制了石油的自由运移，并使其聚集在一个有限的空间。构造圈闭是因储集岩层发生构造事件（褶皱或断裂）而形成；地层圈闭是因岩层的岩性变化（岩石类型或孔隙性）而形成；复合圈闭是因构造和地层两种作用的结果而形成。

起下钻(tripping/pipe tripping)

为了更换钻头，把井内钻柱起出或下入，或两项作业都实施，也称为 mound tripping。

班(tour)

钻井队每个班组的工作轮换周期。

(tubing)

井中作为出油管线的小直径管道。

总承包合同(turnkey contract)

一种钻井合同，合同中详细列明了支付钻井承包商费用所依据的完成钻井和筹备油井开采的事项。

不整合(unconformity)

分隔两套不同岩层的层面。

非常规酸化处理(uncontrolled acidizing treatment)

先往井中注入酸溶液，然后注入驱替液驱使酸溶液进入地层的作业。

纵向"一体化"（vertical integration）

参与一个行业的全程经营活动，如一家石油公司囊括从原油的生产、炼制、运输直至产品销售的全程活动。

分离罐（water tank）

分离油水乳状液的容器。

水基钻井液（water-base drilling fluid/mud）

以水为基液配制的钻井液。

水驱（water drive）

油藏下部流体所形成的压力使水驱动油向井眼流动。

注水（waterflooding）

向油藏注入水，即不含添加剂的水，以驱动油藏流体进入井筒，提高原油采收率。

防水/防气完井（water/gas exclusion completion）

通过注入水泥和射孔作业等方法防止水和（或）气的产出的完井方法。

（钻井液）加重材料（weighting material）

为增加钻井液的密度，将诸如重晶石之类的物质添加到钻井液中。

录井记录（well log）

利用专门的下井仪器和技术获得的关于地质、地层特性和油气潜力等方面的资料。

布井（well spacing）

根据井网调整需要和（或）油藏工程的需要而确定的油井的地理位置。

（井）的增产措施（well stimulation）

为了提高井或地层的产量而实施的措施，如水力压裂、酸化或控砂等。

套管头（wellhead）

与防喷器或采油树等连接的套管，用螺栓或焊接方法连接到导管或表层套管上。

湿气/富气（wet/rich gas）

含有大量伴生液态烃的天然气湿润性。

润湿性（wettability）

某些固体表面与液体接触时所具有的显湿润的能力。

初探井(wildcat well)

在尚未证实资源潜力的地区所钻的探井。

刮塞(wiper plug)

油井油管塞,用于清洁管道内壁。

电缆录井(wireline log)

利用电缆和下入井中的仪器、设备等获得的关于井下钻探状态的描述性资料。

电缆测井(wireline logging)

利用电缆(细长钢丝绳)将专门的仪器和设备下入井中测量井下地层属性的测井方法。